ボーイングVSエアバス 熾烈な開発競争

100年で旅客機はなぜこんなに進化したのか

谷川一巳
Tanigawa Hitomi

交通新聞社新書 103

はじめに

本書では、現在、熾烈な競争を繰り広げているアメリカのボーイング社と、ヨーロッパの国際共同会社エアバス社の旅客機開発過程を振り返り、どのような経緯を経て旅客機技術が発達したのかを、そのときそのときの時代背景や大国の思惑などを考えながら検証してみたい。そこには思わぬことが発端で現在に至った出来事も多い。満を持しての新技術確立の過程もあれば、偶然が重なってその後の流れが変わった出来事もあり、旅客機開発過程は知れば知るほど興味の尽きない世界である。

といっても、ボーイングが最初のジェット旅客機707を初飛行させたのは1957年、エアバスが最初のジェット旅客機A300を初飛行させたのは1972年と15年もの差がある。さらにボーイングはその以前にもプロペラ旅客機を開発しているので、両者の歴史にはかなりの差がある。にもかかわらず、どうやってこの2社はライバルとなったのであろうか。

その謎を解くためには、さらに時代を遡って旅客機開発の歴史を紐解く必要がある。しかし、歴史といっても、ライト兄弟が飛行船以外の動力機による人類初の有人飛行を成功させたのは1903年のことで、今からたった113年前の出来事である。歴史というにはあまりに新しい出来事が最初となる。それに、ライト兄弟が飛んだのは、「飛行」といっても数百メートルを約1分間飛んだもので、当時としては画期的なことであるが、「旅客機」といえるようなものではない。

その後、航空機は第一次世界大戦をきっかけに戦争の道具として実用化され、第一次世界大戦後も飛行機を利用できたのはほんの一部のお金持ちであった。航空機技術が大きく発展するのは、残念ながら平和利用ではなく、第二次世界大戦であった。この戦争で攻撃機、爆撃機が大きく発達し、戦争は空を制したものが有利に進められるといわれた。

民間機の実質的な発達は第二次世界大戦以降となる。日本航空がアメリカの航空会社から航空機を借りて日本国内を運航したのは1951年。さらに人類にとって初めてのジェット旅客機がイギリスの航空会社によって定期便に初就航したのは1952年のことである。

1950年代後半以降、アメリカのボーイングやダグラスによって旅客機が開発され、さらにエアバスの旅客機もデビューするが、ジェット旅客機が普及してから現在まで、まだ約50年しか経っていないというのは意外な事実である。しかし、その50年の間の技術革新はあまりに目覚ましいものがある。全体の歴史からすれば、ほんの短期間でジェット旅客機は大きな発展を遂げている。その発展の大きな原動力となっているのが、ボーイングとエアバスの熾烈な競争であったことも間違いないであろう。

旅客機は開発費に莫大な資金が必要なので、何百機もの試作を経て、試行錯誤を重ねて今日の最新旅客機ができたのではなく、ボーイングを例にすれば、10機ほどの開発で、ステップアップして大型化、低騒音化、低燃費化、そして安全性のより高い機体へと進化している。

その過程は、東西冷戦、アメリカとヨーロッパの微妙な駆け引き、オイルショック、環境問題などが複雑に絡み合って、現在のボーイングとエアバスという2大勢力が形成されている。意外なのは、なるべくして過去の機体から現在の機体へと進化したというよりは、偶然が重なって旅客機の発達史が形成されている部分が多いことだ。「あのとき、世界情勢がほんの少し違っていれば……」「あのとき、石油価格がもっと安ければ……」現在のような機体が誕生していなかったかも、あるいはもっと違う機体ができていたかもしれないということが実は多い。後から思えばであるが、「あのときがターニングポイントだったのだな」と思われることが多いのである。

ボーイングVSエアバス　熾烈な開発競争――目次

第3章 3度目の正直だったエアバス機開発

第4章 「フライ・バイ・ワイヤ」でエアバスが巻き返し

第５章　巨人機Ａ３８０に対してボーイングは中型機７８７で対抗

第6章　RJ機の台頭でボーイングとエアバスの寡占に変化

序章

ボーイングとエアバスが切磋琢磨して旅客機技術は進化

普段、我々が利用している旅客機、国内線であっても国際線であってもおよそ100席以上のジェット旅客機はそのほとんどがボーイング機かエアバス機である。日本国内、日本発着国際線に限っていえば、100%がボーイング機かエアバス機といっていい状態になった。実は10年くらい以前に遡れば、マクドネル・ダグラス機や、さらに10年ほど以前に遡れば、ロッキード機、旧ソ連のイリューシン機やツポレフ機も日本へ乗り入れていた。

ジェット旅客機は、さまざまなメーカーが開発に携わったものの、熾烈な競争から、アメリカのボーイングとヨーロッパのエアバスという2強に集約された。ボーイングとエアバス以外は旅客機開発分野において生き残れなかった。

いっぽう、日本の国内線にもボーイング機、エアバス機の双方が運航されているものの、自分が乗っているのがボーイング機かエアバス機かを認識している人はほとんどいないのが現実であろう。国際線でも、ボーイングのジャンボ機こと747機や、エアバスの総2階建て巨人機A380などの特徴ある機体ならともかく、ボーイングの777とエアバスのA330や、ボーイングの737とエアバスのA320などが外観から見分けがつくのは、旅客機に興味のある人だけであろう。しかし、以前はボーイングの727やダグラスのDC－10などは、その特異なスタイルから、一般の人でも、「あれはセブントゥーセブン（727）だ」などと認識されていたことも事実である。

旅客機開発競争が熾烈になることで、経済性や効率性を追求した結果、ボーイング、エアバスともに旅客機の大きさやスタイルが酷似し、外観での見分けは難しくなっている。まして機内では、ボーイング機かエアバス機かの見分けは困難で、シートポケットの非常口案内でも見なければ機種の特定は難しい。

しかし、この一見同じように見えるボーイング機とエアバス機、設計思想や開発における全体の思想はかなり異なる。それぞれが独自の技術で進化してはライバル機を開発して現在に至っている。ボーイングの777とエアバスA330、ボーイングの737とエアバスのA320などは、外観から見分けがつきにくいと記したが、それぞれは似て非なるもので、乗客として乗っている分には同じような旅客機であっても、設計思想、操縦系統、操縦方法などはかなり異なる。

ジェット旅客機の歴史は浅く、短期間に大きく発達した分野である。ボーイング、エアバスともに、ほんの数機種の間にエポックメイキングな新技術で新機材を開発し、ライバル機を登場させながら、それぞれが独自の道を歩んでいる。

ジェット旅客機開発で大きなウエイトを占めるのが、動力となるエンジン開発で、エンジンはボーイングやエアバスが開発しているわけではない。エンジンメーカーは別にあり、ボーイング機にイギリスのロールス・ロイス製エンジンを装備したり、エアバス機にアメリカのゼネラル・エレクトリック製エンジンを装備したりといったことは普通に行われている。旅客機開発はアメリカ対ヨーロッパの構図を強く感じるが、持ちつ持たれつの部分も大きい。

ボーイングとエアバスの戦いというと、アメリカとヨーロッパを中心に行われていそうだが、現在の旅客機開発には日本が大きく関わっている。以前の日本の役わりは「部品提供」にとどまっていたが、現在は「共同開発」になっていて、機体そのものや主翼が日本製という機種も現れている。常に革新的技術を要求される旅客機開発には、日本の先端技術が不可欠となった。機体そのものといったハード面以外も日本の得意とする分野が旅客機開発に貢献していて、機内のギャレー、トイレ、機内エンターテイメントシステムは日本製の占める割合が高い。ボーイング、エアバス製機材であるものの、ボーイングブランド、エアバスブランドの機材と考えたほうがい

主なメーカーの変遷

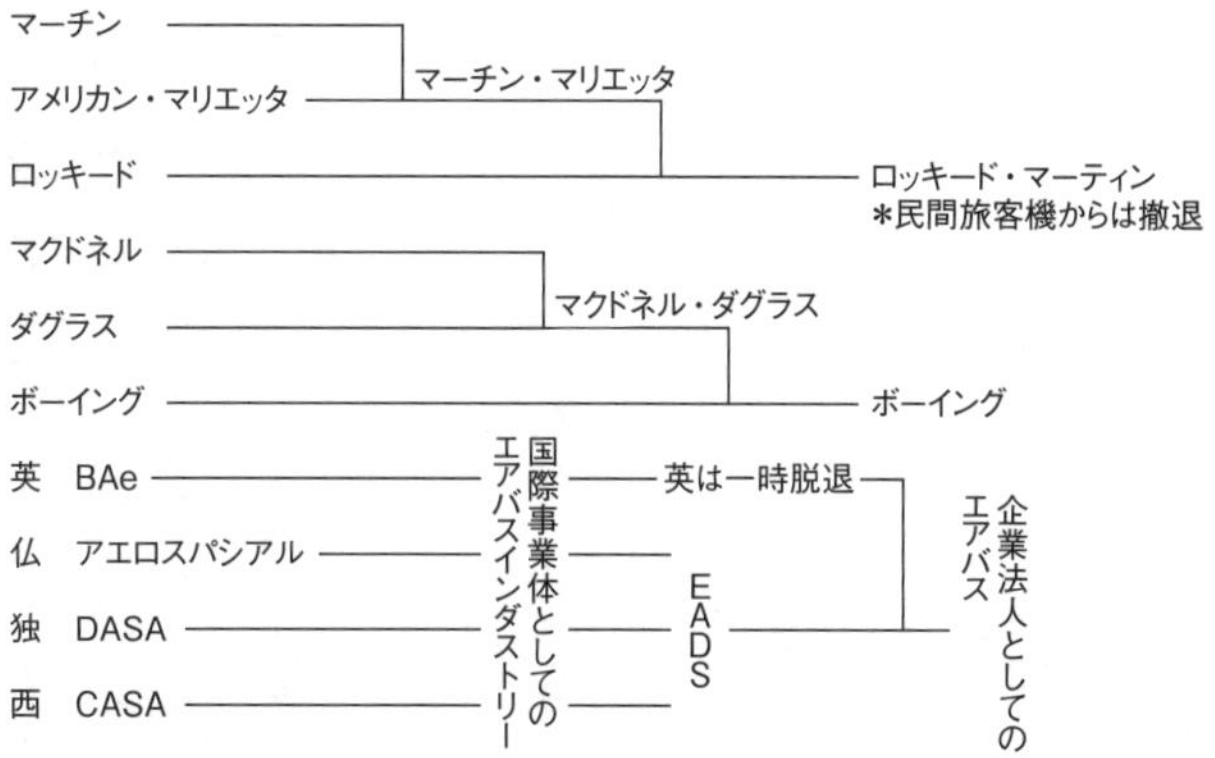

いのかもしれない。ボーイング、エアバスの機体開発を下支えしているのは日本だけでなく、中国では現地生産も行われている。

近年は、小型の100席以下のRJ（Regional Jet）機が発達することによって、ボーイングとエアバスが寡占していたかのように思われるジェット旅客機業界に変化が起こっている。ボーイングとエアバスは激しい旅客機開発競争を繰り広げては、新機種を登場させてきた。そして、この2社以外の旅客機開発メーカーは淘汰されたが、2強となった現在、ボーイングの敵はエアバス、エアバスの敵はボーイングといった構図だけでなく、カナダやブラジルのRJ機開発メーカーが力をつけて、ボーイングやエアバスを脅かす存在になろうとしている。日本航空でも国内ローカル線の多くはボーイング機でもエアバス機でもないブラジル製のRJ機を運航している。さらに、このRJ機はロシア、中国、日本でも開発されていて、今後、混戦模様を呈するかもしれない。その日本で開発されているRJ機が今話題の三菱航空機のMRJなのである。

このようなボーイングとエアバスを軸にした旅客機開発は、どのように進化していったのか、時系列でお楽しみいただきたいと思う。

第1章

旅客機黎明期

ライト兄弟が初めて空を飛んだのはたった100年ちょっと前

――世界初も日本初も定期航空便は水上飛行機だった――

人類が初めて動力を使って空を飛んだのは今から113年前、1903年である。アメリカのノースカロライナ州にある砂丘でライト兄弟が飛ばした複葉機が最初であった。そんなに大昔のことではなく、日本の年号では明治36年である。当時としては画期的な出来事であるが、飛んだ距離は300メートル足らず、飛行時間約1分であった。

世界最初の定期航空便もアメリカであった。ライト兄弟が初飛行してから約10年後、1914年のことである。フロリダ州のセントピーターズバーグ～タンパ間約35キロをベノイスト14という乗員1人、旅客1人の、やはり複葉機が所要時間約20分で結んだ。この間は日本でたとえるなら、東京湾フェリーが航行する久里浜～浜金谷間のようなところで、陸路だと大回りになってしまう町同士である。意外なのは1日2便と高頻度であったこと、1000人以上を運ぶも無事故であったことだ。

日本最初の定期航空便も意外な区間が最初である。1922年に日本航空輸送研究所（日本航空とは無関係）が、大阪の堺と徳島の間に国産の複葉機を運航した。区間や航空会社もさることながら、この時代に国産旅客機が商用飛行していたというのに驚いてしまう。

世界初の定期便、日本初の定期便に共通するのは、水上飛行機だったことである。当時は航空機が普及しておらず、空港はなく、航空機は海上を離発着するのが当たり前だった。そのため日本最初の航空定期便が堺～徳島間だったのである。この間を高速船で結ぶ感覚であったのだろう。これら複葉機は時速およそ100キロ程度だったことからも高速船感覚である。

このように創成期の旅客機は、現代のように空港を発着するのではなく、港から海上を飛び立つのがスタンダードであった。かのパンアメリカン航空が初めて太平洋横断に使った機体も、1934年初飛行のマーチンM－130という4発エンジンの飛行艇であった。巡航速度は時速262キロなので、現代の高速鉄道並みのスピードである。サンフランシスコ～マニラ間をホノルル、ミッドウエー島、ウェーク島、グアム経由の4泊5日で飛び、4泊というのは経由地のホテルに宿泊しての行程で、現代の旅より楽しそうな空の旅であったように思われる。

当時、飛行機は海上に発着する飛行艇が当たり前だったので、「離陸」ではなく「離水」、「駐機」ではなく「停泊」であった。

その後、航空機は飛躍的な発達を遂げるが、それは平和利用ではなく戦争の道具として発達する。1939年から1945年までの第二次世界大戦では、空を制したものが有利に戦える状況となった。それが第一次世界大戦と第二次世界大戦の大きな違いともいわれている。

航空機製造の名門ダグラスは、ＤＣ－１を試作、続いてＤＣ－２を開発し、これが後のベストセラー機ＤＣ－３の基礎となる。１９３５年初飛行の双発エンジン、定員31席のＤＣ－３は多くの航空会社で採用されるが、間もなく第二次世界大戦勃発、ＤＣ－３は軍用輸送機Ｃ－47スカイトレインとして生産が続けられる。

第二次世界大戦で日本は、ボーイングの開発した１９４２年初飛行、４発エンジンの爆撃機Ｂ－29スーパーフォートレスによって爆弾の投下を受けている。広島や長崎に原爆を投下したのもＢ－29である。

ＤＣ－３もＢ－29も飛行艇ではなく、車輪を持ち、上空ではその車輪が機体に引き込まれるという近代的な姿になった。

戦後、軍用だった技術を民間に転用して旅客機が発達
――レシプロ機全盛時代、ファーストクラスは機体後部にあった――

日本に民間空港ができるのも実質的には戦後である。戦時中に旧日本軍によって建設された軍事用の空港を第二次世界大戦敗北でアメリカが接収し、後に日本に返還、以降は民間空港となったケースが多い。

第二次世界大戦後は、大量に生産されたダグラスの軍用輸送機C－47は不要になり、民間機DC－3へと改造され、これによって旅客機の普及に弾みがつく。最終的にDC－3は1万機を超えるベストセラー機となり、これは現代の旅客機では到底成し得ない数となった。ダグラスはこの後、旅客機開発に力を入れ、最盛期は「旅客機開発の名門」といわれるようになる。

DC－3は日本でも採用され、当時の北日本航空（何度かの統合を繰り返しているが、日本航空の前身の1社）、極東航空（全日空の前身の1社）、全日空で運航された。巡航速度は時速266キロなので、現代の高速鉄道程度。DC－3は現在日本で見ることはできないが、誰もが「ヒコーキ」をイメージする愛らしいスタイルの機体である。

DC－3に続いた1942年初飛行のDC－4は4発エンジン、定員70席となり、1952年には日本航空が自社機として国内線で運航をはじめている。

1947年初飛行のダグラスDC－6からは機内が与圧式になる。与圧することによって、空気密度が希薄な高高度を飛ぶことができ、空気抵抗が少なくなるのでスピードアップされ、高い高度は気流も安定しているので快適な空の旅が可能となった。与圧装置のないDC－4の巡航速度が時速365キロだったのに対し、与圧装置を持つDC－6では時速644キロにまで速くなった。

日本航空初の国際線機材だったダグラスDC-6。写真提供=日本航空

DC－7ではエンジンをパワーアップさせて長距離用となり、日本航空でもDC－6とDC－7を国際線用に導入していて、DC－6には「パシフィックアロー」、DC－7には「ロイヤルアロー」という愛称が付いた。1954年に日本航空が初の国際線をサンフランシスコに就航させ、DC－6は羽田～ウェーク島～ホノルル～サンフランシスコ間を50時間かけて運航している。エンジン改良型では遂に北大西洋を越えることも可能になり、パンアメリカン航空が1956年、ニューヨーク～ロンドン間直行便を就航させている。

DC－5のみ欠番となっているのは、開発がはじまったものの、第二次世界大戦の影響で開発中止となったからだ。

対するボーイングは1938年に定員33席、4発エンジンのB307を初飛行させていて、これが世界で初めての与圧装置を持つ旅客機となった。しかし、間もなく第二次世界大戦となったため、たった10機の製造に終わり、戦争へと突入、民間機ではなく軍用機を製造する。日本を襲った爆撃機Ｂ－29スーパーフォートレスを開発し、この機体を基本にし、軍用輸送機としたのがＣ－97ストラトフレイターである。第二次世界大戦が終結し、そのＣ－97を民間機としたのが１９４７年初飛行、４発エンジンのＢ３７７ストラトクルーザーである。同じ機種ながら「爆撃機」「軍用輸送機」「民間機」の順に開発されているところに、当時の世界情勢が垣間見られる。

Ｂ３７７は軍用輸送機を基に開発されているので機体が大きく、２階建て構造、座席定員は最大約１００席ながら、定員を少なくして寝台にすることもでき、階下はラウンジになっていた。まさに「クルーザー」の名に相応しい機体で、パンアメリカン航空や英国海外航空（ブリティッシュ・エアウェイズの前身の１社）が国際線の看板機材として運航した。

しかし、Ｂ３７７は機体が豪華なため高価で、どこの航空会社でも導入できるものではなく、アメリカとイギリスの航空会社で採用されるにとどまり、56機の製造に終わる。今考えると、この頃からボーイングは「多少高価になってもいいものをつくる」という社風というか職人魂のようなものがあったと思えてならないのである。

Ｂ３７７は日本航空での採用もなかったほか、豪華な機体であるものの日本での知名度は低い。基本設計が日本を爆撃したB－29であることが関わっていて、心情的に日本ではこの機体が受け入れにくかったと思われる。

この時代、ロッキードも数々の名機といわれるプロペラ旅客機を開発している。1943年初飛行、定員最大約100席、4発エンジンのL－1049スーパーコンステレーション、派生型のL－1649スターライナーなどである。やはり軍用輸送機と並行しての開発であり、軍用輸送機としてはC－69を名乗っている。

ロッキードのプロペラ旅客機は優美な曲線で構成され、「空の女王」と称された。エールフランスの社史によれば、1952年にこの機体で羽田便を就航させ、ルートはパリ～ローマ～ベイルート～カラチ～サイゴン（現在のホーチミン）～羽田間で、所要時間は約50時間であった。前述の羽田～サンフランシスコ間が2カ所経由で同じ50時間なので、かなりスピードアップされていることが分かる。

こうして、アメリカのダグラス、ボーイング、ロッキードという航空機メーカーが頭角を現してくる。また、これら3社の機体に共通しているのは、エンジンはいずれも自社で開発したのではなく、エンジン専門のメーカーであるアメリカのプラット&ホイットニーのものが使われていた。この頃、すでに、現代と同様に、機体メーカーとエンジンメーカーが別という仕組みが出来上がっていた。

これら航空機はすべてプロペラ機で、単に「プロペラ機」と記したが、現代のプロペラ機の主流とは構造が異なる。この時代のプロペラ機は「レシプロ機」と呼ばれ、自動車などと同じ原理のピストン運動によってプロペラを回して推進力を得るものである。「レシプロ」とはレシプロケート運動の略である。それに対して現代のプロペラ機はターボプロップ機といい、ジェットエンジンでプロペラを回していて、原理が根本的に異なる。

ピストン運動に頼るレシプロ機では高速回転にも限界があり、その動力で長時間空を飛ぶのは大変であっただろうことは容易に想像でき、メンテナンスにも時間と労力を要したことだろう。このような機体で大洋を越えるのは、悪天候などでは現代とは比べ物にならないくらいの飛行というか、冒険に近い状況であったことが想像できる。

いっぽう、当時空の旅ができるのはごくごく限られた人たちである。現代のエコノミークラスのような狭い座席ではなく、全席がビジネスクラスのようなゆったりした配置であった。たとえば、日本航空で運航したダグラスＤＣ－６の旅客定員は最大で約１００席となるが、実際は40席に満たない座席数で運航していて、機内は余裕ある空間であったことが想像できる。この時代は、空の大量輸送以前の、華やかな空の旅ができた時代だったのかもしれない。

現代とは異なる常識もあった。旅客機のファーストクラスやビジネスクラスは機体前方、エコノミークラスが後方にあり、これはジェットエンジンの騒音源は後方に排出される排気に起因するというのが理由である。ところが当時のレシプロエンジンは、エンジンは羽根を回しているだけで、その推力で進んでいたため、単にエンジンのそばほど騒音が大きいので、エンジンから離れた後方が上等クラスであった。

世界初のジェット旅客機はイギリスが開発
——ジェット機時代到来、それでも羽田～ロンドン間35時間——

世界初のジェット旅客機が初飛行するのは1949年のことである。開発したのはダグラスでもボーイングでもロッキードでもなかった。もちろんエアバスでもなく、当時はまだエアバスは存在していない。開発したのはイギリスのデ・ハビランドというメーカーで、DH.106コメットという機体であった。当時、アメリカとともにヨーロッパも航空機技術は発達していたが、日本でも名の知れているような旅客機は少なく、おもに軍用機の開発が多かった。

DH.106は定員40席ほどの機体からはじまり、胴体を延長した結果最終的には倍の80席の機体となった。4発のエンジンは主翼に装備されているものの、現代の旅客機のように主翼にぶ

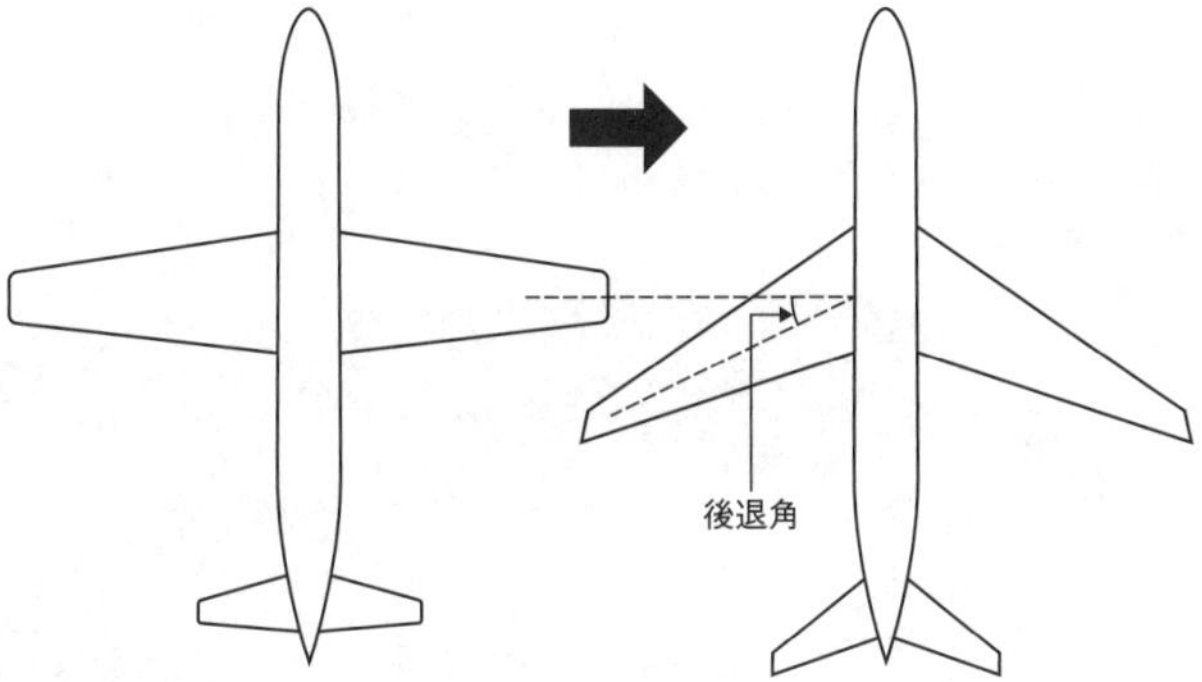

高速で飛ぶジェット機の翼には後退角がある

ら下がっているのではなく、主翼を貫通する形態で、現代の旅客機よりスマートに見える一面もある。しかし、現代のジェットエンジンが低騒音で強力なターボファンエンジンなのに対し（原理は後述）、ファンのないターボエンジンであった。

車輪のうちの主翼脚は２軸のボギー式となった。現代の大型旅客機では主翼脚は２軸か３軸が当たり前であるが、DH．106で初めて採用された。それだけ、多くの乗客、貨物、燃料を積める重さに耐えうる機体だった。エンジン開発は当初デ・ハビランド自社で行われ、胴体延長時からロールス・ロイスに変わっている。

エンジンのスマートさとは裏腹に、機体は当時のプロペラ機然としていて、主翼にも尾翼にも後退角がなかった。ジェット機となって、それまでのレシプロエンジンのプロペラ機よりも大幅なスピードアップが達成されたが、外観

世界初のジェット旅客機だったDH.106コメット。『羽田開港50周年記念誌』より転載

はスピード感のある機体ではなかった。

世界で初めてこの機体を使った定期便は英国海外航空が運航、初飛行の3年後、1952年にロンドン～ヨハネスブルグ間を運航している。ジェット便となり、スピードアップは達成できたが航続距離が短く、この間をローマ、カイロ、ハルツーム（スーダン）、エンテベ（ウガンダ）、リヴィングストン（現在のマランバ）と5カ所も経由している。

翌1953年には、同じく英国海外航空によって羽田に初のジェット便が就航する。ロンドン発ローマ、カイロ、バーレーン、カラチ、デリー、カルカッタ（現在のコルカタ）、ラングーン（現在のヤンゴン）、バンコク、マニラ経由羽田行きの週1便であった。所要時間35時間30分であるが、これでも大幅なスピードアップとなった。エールフランスのプロペラ機によるルートを前述したが、パリから羽田まで50時間を要していたものが35時間に短縮された。航続距離の問題で経由地は多いものの、ＤＨ．１０６は時速約８００キロを出しており、現代の旅客機とあまり変わらぬスピードをこの時代に達成していた。

最初の就航地が、もっとも需要のありそうなロンドン～ニューヨーク間などではないのは、当初の機体は航続距離が短く、北大西洋横断ができなかったからである。ロンドンから東京へは陸伝いにたどり着けても、ニューヨークには飛べなかった。世界で初めてのジェット旅客機は、その当時航続距離のもっとも長かったプロペラ機ＤＣ－７には及ばなかったのである。ＤＨ．１０６が大西洋を飛べるようになるのは、改良を加えた航続距離の長いタイプが登場してからである。

コメットは3度の空中分解で運航停止に
——予想をはるかに超える金属疲労——

華々しくデビューを飾ったＤＨ．１０６コメットであるが、日本に就航した１９５３年から翌１９５４年にかけて立て続けに３度の事故を起こしてしまう。

１回目は英国海外航空のシンガポール発ロンドン行きが、経由地のカルカッタ離陸後に墜落した。これがジェット旅客機史上初の墜落事故となる。当時、英国海外航空機が飛行していたエリアは強い積乱雲が発生しており、インド当局は悪天候と操縦ミスが事故原因と結論付けたが、操縦していたのがベテランパイロットであったため、本国イギリスでは疑問の声もあった。

ところが、2回目の事故は、晴天のイタリアで起きた。やはりシンガポール発ロンドン行きが、経由地のローマ・チャンピーノ空港（当時は現在のフィウミチーノ空港は未開港）を離陸後、地中海のエルバ島沖に墜落。機体が空中分解して落ちていく様子を多くの漁民が目撃していた。

2回も同じ機体が墜落すると、機体の欠陥を疑わざるを得ない。英国海外航空では海外にいた同型機もすべて乗客を乗せずに低空飛行でイギリスに呼び戻し、DH．106の総点検が行われた。集められた遺体は検死が行われた結果、テロなどの可能性は否定された。疑わしい部分の補強などが行われたが、当時の技術水準では事故原因を見抜くことはできず、「機体に異常なし」として運航が再開された。

ところが運航再開後間もなくして3回目の事故が起きてしまう。今度は英国海外航空が南アフリカ航空にリースしていた機体で運航するロンドン発ヨハネスブルグ行きが、またしても経由地のローマ・チャンピーノ空港を離陸後地中海に墜落したのである。

3度の墜落事故を起こし、さすがにDH．106は運航停止となり、イギリスの威信をかけて徹底的な原因究明が行われた。1回目の事故は地上に墜落したものの事故処理は終了している。3回目の事故となった機体は地中海の海底深くに沈んでいるため、引き揚げは困難。ところが2回目にエルバ島沖に墜落した機体は比較的浅い海底に沈んでいたため、イギリス海軍が地元漁民などの手を借りて残骸回収を行った。通称「エルバ島作戦」と呼ばれた大掛かりな引き揚げであった。本国に持ち帰った残骸をジグソーパズルのように組み合わせていった結果、金属疲労からの空中分解が疑われた。

そこで機体の実物が入る大きな水槽を用意し、機体に水圧を使って増圧、減圧を繰り返すことで、実際の飛行と同じ負荷を機体にかける実験が行われた。すると意外な事実が判明する。設計強度に達するよりもずっと早い段階で機体に亀裂が入ったのである。

ジェット旅客機は高高度を飛ぶため機内は与圧されている。当然地上にいるときは与圧の必要はない。機体を風船にたとえると、1フライトごとに膨らませては、着陸するとしぼませていることになる。その繰り返しによって金属疲労が生じ、最終的に空中分解したのであった。

機内を与圧するという点では22ページに記したように、1938年初飛行のボーイングB307で実用化済みであるが、同様の事故は起きていない。しかし、B307はプロペラ機なので、巡航高度は5000メートルほど、それに対してジェット機のDH．106は世界一高いエベレストよりも高い約1万メートルを巡航する。プロペラ機とジェット機では内外気圧差に大きな違いがある。

人類にとって初めてのジェット旅客機は、未知の高高度であり、当時の技術水準では安全が保障できる数値の予測が困難だったのである。そのため、DH.106のメーカーであるデ・ハビランドも、3度の墜落事故にもかかわらず法的制裁を受けることはなかった。

ちなみに、墜落には至らなかったが、同様の原因による事故がハワイで起きている。1988年、ハワイ島のヒロからオアフ島のホノルルに向かっていたアロハ航空の737が、飛行中に機体の上部が吹き飛んでしまうという事故があった。サービス中だった乗員は機外に放り出されて行方不明になったものの、乗客は猛烈な強風にさらされながらも奇跡的に生還している。この事故も金属疲労が原因で、その要因のひとつとして、ハワイの島々を結ぶ便は1日に何度も島と島の間を行ったり来たりしているため、風船を膨らませたりしぼませたりの回数が多くなり、金属疲労が進むのが早かったとされている。

一般に航空機は、ニューヨーク行きやロンドン行きは昼夜間わず10時間以上を飛行して目的地に到着する。いっぽう国内線の機体は1日に東京~大阪間などを何往復かするが、夜間は空港で休んでいる。人間的に考えると後者のほうが楽な仕事に思われるが、機体にとって楽なのはずっと飛んでいるほうで、何度も離着陸を繰り返すほうが過酷なのである。

デ・ハビランドはＤＨ．１０６を設計変更するが、すでに評判は落ちていて、世界の航空会社は発注をキャンセルし、間もなく登場するボーイングの７０７やダグラスのＤＣ－８の採用に切り替える。最終的には当事国の英国海外航空も７０７に乗り換えることになる。

デ・ハビランドはその後、やはりイギリスの航空機メーカーであるホーカー・シドレーに買収され、ブリティッシュ・エアロスペースを経てＢＡＥシステムズとなっている。そのため、デ・ハビランドは世界初のジェット旅客機メーカーであるにもかかわらず日本での知名度は低いが、実は日本でもデ・ハビランドの名残はある。日本航空やＡＮＡ系列が運航するプロペラ機はカナダのボンバルディア製ＤＨＣ－８といい、「ＤＨＣ」とはデ・ハビランド・カナダの略で、この機体を開発したのはデ・ハビランドがカナダで設立した会社である。そのデ・ハビランド・カナダがボンバルディア傘下になったという経緯がある。

ボーイング７０７とダグラスＤＣ－８が就航
――日本初のジェット旅客機は「富士」――

１９５７年、ボーイングの７０７が初飛行する。４発エンジンの長距離機材で、主翼や尾翼に後退角がつき、現代の旅客機とほぼ変わらぬスタイルとなった。世界初のジェット旅客機であったイギリスのデ・ハビランドDH．106コメットより8年も遅れての初飛行であるが、定員は最大で180席ほどとなり、DH．106の倍の大きさになった。何よりもDH．106が予想をはるかに超える金属疲労で空中分解し、3度の事故を起こしてしまうが、その教訓に学ぶことができた。

ボーイングは、実は707以前にもジェット機は実用化していて、DH．106よりも早く、1947年には爆撃機B－47ストラトジェットが初飛行している。ベトナム戦争時に北ベトナムを爆撃したB－52ストラトフォートレスですら初飛行は1952年なので、707より早くに初飛行している。

707自体も開発は軍用タイプが先行していて、KC－135ストラトタンカーという空中給油機が1956年に初飛行している。民間機ではまだほとんどジェット機が飛んでいない時代に、戦争の道具に目を移すと、すでに空中で給油機から戦闘機に給油するといった離れ業が行えるようになっていたことになる。

この時代、航空機の開発は軍事優先で民間は後回しだった。当時は「ボーイング」というと軍用機メーカーといった印象が強かったことも事実で、これが「航空技術は戦争によって発達した」

第一世代のジェット旅客機707は成田空港開港後も飛んでいた

などといわれた所以である。

７０７は１９５８年、パンアメリカン航空によってニューヨーク～パリ間に初就航する。ＤＨ．１０６の初就航から６年も経っていたが、すでにＤＨ．１０６は改修されたとはいえ３度の事故で評判は落ちていたので、世界の航空会社はこぞって７０７を発注した。アブレスト（座席配置）は３－３で、このときすでに現在のナローボディ機の標準的な座席配置となっていた（ＤＨ．１０６は３－２配置だった）。エンジンは主翼にぶら下がるポッド式となり、これも現在でも踏襲されている標準的なスタイルである。

７０７が初就航した１９５８年にはボーイングのライバルとなるダグラスの４発エンジン機ＤＣ－８も初飛行している。ダグラスはＤＣ－１からＤＣ－７までプロペラ機を開発し（ＤＣ－５は存在しないが）、ジェット機になってもその形式番号が踏襲され、ＤＣ－８となった。初就航は翌１９５９年で、ユナイテッド航空とデルタ航空２社の国内線に同時就航となった。

７０７は軍用機材の発展形として開発したため力強い印象のある機体なのに対し、ＤＣ－８はスマートな印象の機体となった。この２機種によってジェット機時代が開かれていく。

７０７はパンアメリカン航空に続いてトランス・ワールド航空、ノースウエスト航空、アメリカン航空、英国海外航空、エールフランス、ルフトハンザドイツ航空、エア・インディア、カンタス航空、マレーシア航空（当時まだシンガポールは国さえなかった）などに導入される。

いっぽうＤＣ－８はユナイテッド航空、デルタ航空に続いて、ＫＬＭオランダ航空、アリタリア航空、スイス航空、スカンジナビア航空、イベリア・スペイン航空、タイ国際航空、フィリピン航空、そして日本航空にも導入される。

日本航空は１９６０年にＤＣ－８を導入。これが日系航空会社初のジェット旅客機となり、羽田～サンフランシスコ便に就航している。１号機は「富士」と命名され、「日光」「箱根」「宮島」などと機体ごとに日本の景勝地の名称が付けられた。後に日本では「よど号」ハイジャック事件（機体は７２７）が起こり、「よど号」はある年代以上の日本人なら誰もが聞き覚えがあると思うが、当時は機体１機ずつに名称を付けていたのである。

この時代、日本国民にとってもDC－8は思い出深い機材となったはずで、「海外旅行解禁」「ビートルズ来日」「ダッカでの赤軍派ハイジャック事件」などに関わっている。日本がDC－8を導入したのには、それまでも日本航空はダグラス機材を多く運航していたことと、ボーイングのほうが購入にあたっての支払い条件が厳しかったことなどが挙げられるが、当時の日本人にとっては、ボーイングは日本を爆撃した機体を製造していたことが微妙に影響しているともいわれる。

私くらいの年代なら707もDC－8も利用したという人は多いはずである。とくにDC－8は日本の国内線でも使われていて、終焉期は空港でカメラを向ける人も多かった。日本では日本航空のDC－8が引退する時期に航空ファンが多くなったという傾向もあり、国鉄の蒸気機関車終焉期に似たブームのようなものがあったのである。

ボーイング、ダグラス以外にも多かったジェット旅客機創成期の機体
――現在よりもずっと多くの旅客機メーカーがこぞって開発――

1950年代後半はジェット旅客機時代の幕開けで、この時代にジェット旅客機を開発したのはボーイング、ダグラスだけではなかった。

アメリカのコンベアは1959年にDC－8を一回り小型にしたような4発機、CV－880を初飛行させている。ボーイングやダグラスより後発だったため、ボーイングやダグラスにはない特徴を持つ必要があり、707やDC－8より若干速い時速900キロ超の巡航速度を達成し、「世界最速の旅客機」がセールスポイントだった。しかし、その速度を達成するため機体を細くした結果、座席数が少なくなり、100機に満たない生産数に終わった。さらに、座席数を多くするために、胴体を延長したCV－990も開発されたが、こちらも世界の航空会社に普及することはなかった。

ただし、CV－880は日本では馴染みのあった機体で、日本航空がDC－8とともに導入し、長距離国際線にDC－8、アジア内国際線にCV－880を運航した。DC－8には「富士」「日光」などと愛称が付けられ、CV－880には「桜」「松」「楓」「菊」と日本的な植物の愛称が付けられた。日本ではコンベアの機体はプロペラ機時代から使われており、1947年初飛行の双発プロペラ機CV－240を、現在の日本航空のルーツとなる北日本航空、富士航空、東亜航空などが運航していた。

現在はコンベアというメーカーはなく、ジェット旅客機開発当時の古い時期にジェネラル・ダイナミクスという軍事技術などの総合企業に統合されている。

イギリス以外のヨーロッパでもジェット旅客機は開発され、７０７やＤＣ－８よりも早くにフランスのシュド・エスト（南・東を意味する）が双発のＳＥ２１０カラベルを１９５５年に初飛行させている。日本での馴染みは薄いが、台湾やタイの航空会社も運航し、日本の空港にも乗り入れていた。

シュド・エストは後にシュド・アビアシオンに改名し、ノール・アビアシオン（ノールは北の意）と統合され、イギリスと超音速旅客機コンコルドを共同開発したアエロスパシアルになり、その後も統合を繰り返し、エアバスの親会社であるＥＡＤＳ（European Aeronautic Defence and Space）となり、現在はエアバス・グループを名乗っている。ＳＥ２１０を開発したシュド・エストはエアバスの起源の１社であり、重要な流れのひとつにある。

ＤＨ．１０６コメットが事実上の失敗に終わったイギリスでも新たなジェット旅客機が登場する。ビッカースＶＣ－10は４発の長距離用ジェット旅客機で、４発のエンジンは後部に集中していた。初飛行は１９６２年である。しかし、世界の流れはアメリカの開発した機体に発注が集中していたため、この機体には欠陥などはなかったものの、64機の製造にとどまり、おもにイギリス本国とイギリス系の国で運航されただけで、世界に普及することはなかった。

ＶＣ－10も日本への乗り入れ実績はあり、英国海外航空の機体が、ブリティッシュ・エアウェイズになり、日本の玄関が羽田から成田に変わってからも運航し、その頃のルートは興味深いものであった。ロンドンからアンカレッジ経由で成田へ、さらに香港へ飛び、香港を翌日に出発しインド洋のセイシェルを経て南アフリカのヨハネスブルグへ、そこで便名を変えてナイロビ経由でロンドンへ戻るというものであった。世界に普及することはなかったが、息の長い機体だったといえ、旅客機としての使命を終えてからもイギリスの空中給油機に転用された。

ビッカースはコメットを開発したデ・ハビランドとは別の会社であるが、デ・ハビランドは後にホーカー・シドレーに統合され、そのホーカー・シドレーとビッカースも統合され、ブリティッシュ・エアロスペースを経てＢＡＥシステムズとなるので、現在ではルーツこそ異なるが同じ枠組みの中となる。

ＶＣ－10とときを同じくして当時のソ連でも長距離用ジェット旅客機イリューシンＩＬ－62が１９６３年に初飛行する。ビッカースのＶＣ－10と同じ後部４発エンジンで、機体のスタイルも似ていたため、当時の西側諸国では、ＶＣ－10のコピー機と揶揄されたが、ＶＣ－10が世界に普及しなかったのに対し、ＩＬ－62は旧ソ連と東欧やキューバ、中国など、当時の社会主義国が多く導入したため約３００機生産され、ＶＣ－10よりもポピュラーな機体となった。

ＩＬ－62は当時のアエロフロート・ソ連航空の長距離国際線で活躍し、日本にも多く乗り入れ

ソ連はエンジンが後部4発のイリューシンIL-62を開発、ソ連崩壊まで第一線で運航した（成田）

ていた。西側では７４７ジャンボ機やＤＣ－10といったワイドボディ機が国際線の主流となってもソ連ではＩＬ－62が使われていた（というか社会主義圏では最新機材であった）。海外旅行が日常的になってからも日本へ乗り入れ、当時、日本からヨーロッパへ格安旅行をした世代には馴染みの深い機体である。明らかに日本や欧米で使われている機体よりふた昔以前といった機体であったが、ソ連が崩壊するまで主力として活躍した。片や日本や欧米の旅客機では機内で音楽サービスや映画上映が当たり前だった時代に、ＩＬ－62にはこれといった機内での娯楽は何もなかった。座席の前にあるテーブルは鉄製の重そうなもので、軽さが至上命題の航空機とは思えないつくりだったことを記憶している。

ちなみに、これらＶＣ－10、ＩＬ－62以降は４発エンジンですべてのエンジンが後部に配置される旅客機は現れていない。その理由として、ジェット旅客機創成期のエンジンはターボジェットエンジン、または低バイパス比のターボファンエンジンであるが、後のジェット旅客機のエンジンは、低燃費・低騒音で高出力である高バイパス比のターボファンエンジンへと進化するので、エンジンが太くなり、後部に並べて4発配置は構造上できなくなる（エンジンの違いは後述）。

年代が前後するが、旧ソ連ではこの時期、特殊な旅客機も登場した。1957年初飛行の長距離用4発プロペラ機ツポレフTu－114で、プロペラ機なのに長距離用、しかも最大220席にもできる大きさを誇った。登場時はプロペラ、ジェット含めても世界最大の機体だった。特徴的だったのは二重反転プロペラを備え、プロペラ機であるにもかかわらず、高空を飛行し、巡航速度870キロとジェット機と同じ速さで飛べたことである。

通常プロペラは回転方向が決まっているため、厳密には空気を後方ではなく斜め後方に押し出していることになるが、二重反転プロペラは、同軸に2組のプロペラがあり、ひとつは逆方向に回転して同じ推力を得るため、空気の流れが整えられて真後ろに蹴り出し、強い推進力を生む。ジェット機と同じ速度で飛ぶため、主翼や尾翼も後退角を持ったジェット機同様のものであった。スタイルはジェット機、エンジンだけがプロペラという機体だった。通常ジェット機は主翼や尾翼に後退角があり、プロペラ機の主翼や尾翼は機体から垂直方向に伸び、およそ時速７００キロ前後を境にして、それよりも速い速度で飛ぶなら主翼や尾翼には後退角があったほうが有利とされている。

二重反転プロペラ機は先進的な機構だったものの、間もなくジェット機全盛となり、世界に普及することはなかった。日本へも乗り入れていて、アエロフロート・ソ連航空のモスクワ〜羽田間に運航実績がある。しかし、同種の機構を持った機体は西側では登場せず、間もなくジェット旅客機全盛の時代に、それを予測できなかったところに旧ソ連を感じるとともに、この時代からソ連の航空宇宙技術水準が高かったことも示している。

話が少し脱線するが、二重反転プロペラの技術は日本のカーフェリーに応用されている。新日本海フェリーの舞鶴〜小樽間「はまなす」「あかしあ」のスクリューはエンジンで回転する先に、ポッド型の電気で回転し、メインのスクリューとは逆の羽根の角度で同じ推力を得られるスクリューを回し、これによって水の流れが調整されて大きな推力を生み、30ノット以上の航海速力性能を有している（時速56キロほど）。大型カーフェリーとしては高速度で、世界初のシステムでもある。この技術の採用で、それまで同区間を毎日同時刻に運航するにはフェリーが3隻必要だったものを2隻で運航できるようになった。この区間はＪＲ貨物と海運会社が鎬ぎを削る貨物の高需要区間である。

ジェット旅客機普及で国内線もジェット化
——羽田〜福岡1時間30分！　現代よりもジェット便は速く飛んでいた——

ジェット旅客機が登場した当時、ジェット機は長距離国際線など、航空会社の看板路線に導入された。ジェット機は速い速度で飛び、長距離便ほど時間短縮効果が高かった。しかし、長距離路線にジェット機が行き渡ると、中距離路線や短距離路線でもジェット機の需要が高まっていく。1960年代前半、ジェット旅客機が普及しはじめて、世界の主要な長距離路線がジェット化されるが、日本の国内線などはプロペラ機が当然であった。

中距離・短距離のジェット化への要望に対してボーイングは707の機体を短くし、149席としたB720を1959年に初飛行させ、翌1960年、ユナイテッド航空の国内線に初就航する。ユナイテッド航空は当初、707ではなく、ダグラスのDC－8を運航するが、ここでボーイングに切り替えているところが興味深い。外観は707とほぼ同じで、機体が短かった。また、ボーイングの旅客機は形式番号が7ではじまり7で終わるが、この時点ではまだその仕組みが確立していなかった。

小さい機体ながら後部にエンジン3発、727は日本航空も導入した（成田）

Ｂ７２０は７０７の派生形と考えることもでき、１５４機の製造にとどまり、ボーイングは本格的な中距離機７２７を開発する。Ｂ７２０が７０７に手を加えただけの機体だったのに対し、７２７は、胴体こそ７０７と同じ直径だったものの、主翼やエンジンは白紙からの開発、３発エンジンで、３発とも機体後部に装備するユニークな構造だった。現代から考えれば、通路が２列のワイドボディ機の長距離機であっても双発が常識であるが、７２７は通路が１列のナローボディの中距離機であるにもかかわらずエンジンが３発だった。現代ほどエンジンの信頼性が高くなかったのである。しかし、機体後部にエンジンが３つ集中し、主翼にはエンジンがなく、水平尾翼が垂直尾翼上部にある独特のスタイルは、「ジェット」を感じさせるに充分なフォルムで、この機体を好む航空ファンが多かったのも事実である。

727はボーイングにとって、民間用だけに開発する初めての機体でもあった。それまでの機体はすべて軍用機として開発したものを、民間機にも転用した機体なので、727開発以降、徐々にボーイング=軍用機メーカーというイメージが薄れていく。707の次に開発された機体が727になり、717が抜けているのは、717は軍用タイプのために空けておいたという経緯がある。707開発時ではそれほどに軍用機と民間機の開発は並行して行われたが、軍用機はまったく別の型式を名乗ることになり、717は欠番のまま推移する（その後に717という形式が誕生するがそれは後述）。しかし、軍用機の形式を別にすることが決まる以前に727の開発がはじまっていたので、717だけ長い間欠番だったのだ。

727は1963年初飛行、翌1964年にアメリカにかつてあったイースタン航空によって路線就航した。日本でも日本航空、全日空、当時の日本国内航空（日本航空の前身の1社）が導入、当時の日本の空港は滑走路が貧弱だったが、727は1800メートルあれば離陸でき、日本の国内線でもジェット時代が到来、それまでのプロペラ機に比べてスピードアップが実現する。

ちなみに、ジェット機が日本国内の空に運航をはじめた当時は、現在よりも所要時間は短かった。「そんなバカな?」と思うかもしれないが、日本の国内線にジェット便が登場した当時、羽田~福岡間は時刻表上の所要時間が1時間30分だったのに対し、現在は2時間を要している。

ジェット旅客機は登場以来、日進月歩で、低燃費、低騒音、大型化、安全性の向上などが図られているが、意外にもスピードは速くなっていない。しかし、遅くなっているのはどういうことか。

ジェット便登場当時の空は空いていて空の渋滞などなく、航空路も整備されていなかったので、いわばジェット機は目的地に向けて一直線に機長の判断で飛んでいた。ところが現在は主要国の上空は航空便で溢れ、東から西へ向かう便はどの経路、このエリアはどこどこ空港に離着陸する便が多いので迂回、このエリアは自衛隊機が飛ぶので迂回、着陸時は騒音を撒き散らさないようにとルートが指定され、さらに空港が着陸機で混雑しているといってはスピードを落とし、もっと混雑していれば上空で待機となる。このようなことから航空便の時刻表上の所要時間は長くなる傾向にある。機長の権限も小さくなっていて、地上の航空管制部の指示通りに飛ぶというのが現代のスタンダードなのだ。

日本人にとっては忘れられない出来事も多く７２７が関わっていて、「よど号ハイジャック事件」、雫石上空での航空自衛隊機との空中衝突、さっぽろ雪まつりの帰りだった乗客を多く乗せた羽田行き全日空機が東京湾に墜落したのもこの機体である。しかし、日本の高度経済成長を支えた機体でもあった。

ダグラスDC－9、ボーイング737の登場で小型ジェット機が出揃う

――国内ローカル便でもジェット機が運航されるようになった――

ボーイングが727を登場させたのだから、当時のライバル、ダグラスもDC－8をベースに短距離離用ジェット機を開発した。それがDC－9である。1965年に初飛行し、同じ年にデルタ航空によって路線就航する。727が3発中距離用なのに対し、DC－9は双発の短距離用となり、ますますローカルな路線でもジェット便が活躍する時代となった。双発のエンジンは後部に装備され、727同様に水平尾翼は垂直尾翼先端から伸びる「T字尾翼」となった。「T字尾翼」とは、機体の前後方向から見ると、Tの形に見えることからの命名である。

エンジンの数こそ異なるが、727、DC－9ともにいえるのは、エンジンを後部のみの装着にし、主翼にぶら下がったエンジンがないことから、車輪が短くてすむので、車輪の収納が小さなスペースですむほか、地上にいるときに機体が地面から高い位置にならないため、タラップでの乗降も容易であり、当時はボーディングブリッジを備えた地方空港などまだなかったので、運用面からもこれらの機体は便利にできていた。

DC－9は日本では東亜国内航空が導入し、後に日本エアシステムとなっても国内ローカル便を中心に活躍した。

東亜国内航空が国内ローカル便用に導入したダグラスDC-9-40（羽田）

ＤＣ－９は当初のタイプであるＤＣ－９－10にはじまり、－30、－40、－50と徐々に機体を延長し、さまざまなニーズに応えられるようにした。－10の全長が約32メートル、定員90席だったのに対し、最終的にはＤＣ－９スーパー80という機種では全長約45メートル、172席にまで大きくなったので、同じＤＣ－９でも初期型と後期型では外観の印象はかなり異なる。

ダグラスでは最初のジェット旅客機ＤＣ－８でも、胴体を延長することで、基本設計は同じでありながらさまざまな需要に対応するという旅客機づくりを行っていたので、当時機体のストレッチはダグラスのお家芸といわれた。航空機開発は莫大な費用が必要なので、一度開発した機体を基礎として、派生形を多くするという現代では当たり前の手法である。

いっぽうボーイングは機体の大きさ、航続距離などを決めたら、その用途に応えられる最高の機体をつくるという社風があり、派生形は少ないものの「いいもの（機体）」が多いといわれたものである。しかしながら機体価格もそれなりに高かったといわれる。

そして、ダグラスのＤＣ－９に対抗するべくボーイングが開発した機体が７３７であった。７２７は中距離用３発、対するＤＣ－９は双発である。「大は小を兼ねる」的に７２７を国内ローカル便に使うのも可能だが、経済性で考えれば双発で飛べる距離は双発のほうが有利である。この時代はボーイングのライバルといえばダグラスだったが、いわばこの頃から、相手メーカーがある機種を開発すると、自社も同じ用途の機種を開発するという構図が生まれている。こうして１９６７年にボーイングの７３７が初飛行し、ルフトハンザドイツ航空によって初就航している。

７３７は７０７、７２７と続いた胴体設計を生かし、ＤＣ－９とは異なり双発のエンジンは主翼に吊り下げるスタイルとなった。初期型は－１００で、間もなく改良型の－２００となり、日本でも当時の全日空、南西航空（後の日本トランスオーシャン航空）が導入した。現在は日本航空も７３７は多く運航しているが、登場当初は日本航空は７３７を導入していない。７３７は短距離用機材、当時の日本航空は国際線運航がおもで、国内線も幹線しか運航しておらず、７３７に適した路線がなかったのである。

その後７３７は生産に生産を続け、エンジンも改良されて大ベストセラー機となるのだが、それについては後述したい。

コラム①

日本の航空会社黎明期の流れ

世界の旅客機開発とともに、同年代の日本の航空会社も振り返っておきたい。やはり、ジェット旅客機同様に、そんなに長い歴史があるわけではない。実質的には第二次世界大戦後から振り返ればそれがほぼすべてになる。戦後、日本は連合国軍によってすべての航空事業が禁止されていて、それが解除されるのが1952年である。実際にはその前年の1951年に日本航空が羽田から札幌と大阪経由福岡便を就航させるが、アメリカのノースウエスト航空に運航を委託しての就航だった。マーチン2-0-2、30席、非与圧の双発レシプロ機であった。日本航空が自社機として、ダグラスDC-4を運航するのは1952年からで、70席の非与圧4発レシプロ機である。日本が自らの手で航空機を運航できたのは、戦後7年経ってからであった。

1952年から1953年にかけては、多くの航空会社が設立されたほか、戦前に設立されていた会社も再開される。日本ヘリコプター輸送は東京を拠点に東日本にヘリコプターを。極東航空は大阪拠点に四国、九州へ。北日本航空は札幌拠点に道内を。日東航空は水上飛行機を使って大阪から南紀白浜へ。南日本航空（後の東亜航空）は広島を拠点に西日本、九州、四国へ。富士航空は鹿児島～種子島間の運航をはじめる。戦時中、そして戦後7年間は日本の航空事業がストップしていたが、解除と同時に多くの航空会社が運航をはじめ、その数は現在より多かった。そして、その後の高度経済成長期の骨格になる航空会社のルーツは、このときすでに誕生していたのである。

別格の存在だったのは日本航空で、日本政府主導の半官半民体制で国を代表する航空会社として運航した。1954年に戦後初の日系航空会社による国際線がホノルル経由サンフランシスコ便で復活、ダグラスDC－6、36～58席、非与圧の4発レシプロ機であった。1960年にはダグラスDC－8を導入、日本初のジェット便就航となった。東京オリンピックの1964年には庶民にも海外旅行が解禁、翌1965年には「JALパック」が登場、1970年には747ジャンボ機導入で空の大量輸送時代となる。

他の民間勢力は統合が相次ぐ。東日本中心だった日本ヘリコプター輸送は1957年に全日本空輸（全日空）と社名を改め、現在のANAであることはいうまでもないが、航空会社名を表す2レターコードの「NH」は日本ヘリコプター輸送時代から引き継がれている。同社は「ヘリコプター」を名乗っていたが、1955年からはダグラスDC－3を運航している。翌1958年には西日本中心だった極東航空を統合、名実ともに「全日本」になった。1965年にはボーイングの727を導入、ジェット便が就航する。

北日本航空、日東航空、富士航空の3社は1964年に統合、日本国内航空となった。さらに、日本国内航空と東亜航空が1971年に統合して東亜国内航空となったのである。

このように、創業当時、水上飛行機や小型レシプロ機で、乗客の定員が数名という機体で運航をはじめていた航空会社も統合を繰り返し、すべてがその後の大手3社になる日本航空、全日空、東亜国内航空に関わっているのである。

第2章

超音速機の失敗と初のワイドボディ機誕生

米軍の大型輸送機計画の不採用案から生まれたジャンボ機
——ジャンボ機誕生は「棚から牡丹餅」的だった——

ボーイングの長距離4発機の707、中距離3発の727、短距離双発の737、ダグラスの長距離4発のDC－8、短距離双発のDC－9と、一通り全用途のジェット旅客機が出揃い、世界の航空路はジェット旅客機で飛ぶというのがスタンダードになった。空港もジェット機就航に合わせて滑走路が整備され、それまでのプロペラ機と比較して所要時間短縮が実現した。

ボーイングの機材は707、727、737（717はこの時点では欠番）と進んできたので、次に登場するのが747である。747といえば、多くの人が知っているジャンボ機である。ジャンボ機は最新の機材にも思え、事実、現在製造されているジャンボ機は最新技術で製造されているが、いっぽうで古くに開発された機体でもある。そして、ジャンボ機は意外な経緯で誕生している。

誕生の経緯には1960年代初めの時代背景が大きく関わっている。第二次世界大戦終結後も、大戦に勝利した連合国軍率いるアメリカは、各国に軍を駐留させていた。1960年には日本とアメリカも安全保障条約で結ばれていて、その中にはアメリカ軍が日本に駐留することも含まれている。アメリカは世界中に軍を駐留させ、「世界の警察」ともいわれた時代だ。しかし、日本

ロッキードの戦略輸送機C-5ギャラクシーに敗れた案が後のジャンボ機となる（米軍横田基地）

でもそうであったように、アメリカ軍が駐留することをよく思わない国も多く、駐留する兵員や物資は縮小せざるを得なかった。

駐留規模を縮小させるには、有事の際は多くの人員や物資を敏速に運べる輸送機が必要となる。そこでアメリカ軍が大型戦略輸送機の設計をボーイング、ロッキード、ダグラスなどに依頼し、最終的に採用されたのがロッキード案で、その機体が4発の高翼機C－5ギャラクシーと呼ばれる機体である。この機体は東京にある横田基地などにも飛来している。しかし、設計案としてはボーイング案のほうが優れていたといわれ、最終的には政治的判断でロッキード案が採用された。

しかし、ボーイングの設計陣は、不採用に終わってしまった大型輸送機案をそのままお蔵入りさせてしまうのはもったいないと考え、民間機に転用したのが

747なのである。とはいうものの、トントン拍子に事が運んだわけではない。ボーイングは次期大型旅客機として、各国の有力な航空会社に購入を打診するが、航空会社の反応は冷ややかであった。

それまでの長距離機材といえば、ボーイングでいえば707、ダグラスでいえばDC－8と、およそ200席止まりの機体がもっとも大きい機体であった。そんな時代に、ファーストクラスとエコノミークラスで400席（当時はまだビジネスクラスはない）、最大で500席の大型旅客機を買わないか？　といわれても困惑してしまうのは当然であった。現実に、そんな旅客機を運航しても、それを満席にできるだけの需要はなかったし、それだけの集客力を有する航空会社もなかったのである。当時はまだ空の旅ができるのは一部のお金持ちに限られていた。

主要航空会社が大型旅客機購入に関心を示さない理由はほかにもあった。当時イギリスとフランスが共同開発を進めていたSST（Super Sonic Transport＝超音速旅客機）計画、コンコルドの存在だ。当時、世界的には「今後の旅客機は高速化に進む」と考えられていた。当時にしてみれば、その考えのほうが自然で、それまでの旅客機は、第二次世界大戦後、非与圧プロペラ機から与圧装置付きプロペラ機が主流になり、巡航高度が高くなってスピードアップが実現し、さらにジェット機が就航することで、巡航高度がますます高くなってスピードアップが実現している。ならば、ジェット旅客機がさらに高高度を飛べるようになって、超音速で飛べればスピードアップが実現すると考えるのはごく自然である。むしろ、第一世代の７０７の時代から何十年経ってもスピードアップが図れなかったということを、その時代に予測するほうがよっぽど難しかったと考えざるを得ない。

ジャンボ機誕生の陰にパンナムの存在があった
――「先見の明」があったパンアメリカン航空――

世界の航空会社はコンコルドを発注し、ボーイングが提唱する大型旅客機には興味を示さなかったが、唯一、空の大量輸送時代を確信し、ボーイングの大型旅客機に賛同する航空会社があった。それがパンナムことパンアメリカン航空である。20機を発注し、大型旅客機開発の後押しをした。パンアメリカン航空は世界で初めて７０７を運航した航空会社であり、当時は新機材導入に積極的だったといえ、７４７ジャンボ機でも、いわゆる現代風にいうところの「ローンチカスタマー」であったのだ。しかし、そのパンナムはその後経営が破綻してしまう。現在考えると、そのような先見の明のあったパンナムが、なぜ破綻してしまうのか不思議なところではあるが、それに関しては後述する。

747は1970年にパンアメリカン航空のニューヨーク～ロンドン間に就航（ニューヨーク）

747の初飛行は1969年、翌1970年にパンアメリカン航空のニューヨーク～ロンドン便に初就航を果たす。初めて通路が2列あるワイドボディ機就航で、現代とは異なり、2階席はファーストクラス利用者のラウンジであった。当時はファーストクラスとエコノミークラスの2クラスで、現在のビジネスクラスはまだ誕生していない。エコノミークラスの座席配置も、現在の3－4－3席の10列ではなく、3－4－2席の9列で、中央の4席の中央には簡単なパテーションがある機体が多かった。

25ページで、プロペラ機時代の国際線は現代よりも客室がゆったりしていたと記したが、ジャンボ機が登場した時点でも、その広い空間を使ってゆったりした座席配置であった。それに比べて現代の旅客機は、空間を最大限に使って多くの乗客を運ぶという流れになって窮屈になっている。

７４７ジャンボ機の就航で空の大量輸送時代が到来し、大勢を一度に運ぶことで航空運賃も安くなり、空の大衆化時代がはじまる。パンアメリカン航空が７４７を初就航させたのと同じ１９７０年には日本航空も７４７を導入、ホノルル便に就航させている。

このような流れで７４７が誕生するが、ボーイングにも７４７に絶対の自信があったわけではなく、今後は超音速旅客機の時代が来るとも考えていたようで、そういう流れになった場合は、７４７はその大きな機体を生かして貨物機に転用すればいいとも考えていたようだ。

大型旅客機開発は、そのような需要があったから開発したのではなく、軍の大型輸送機開発の不採用案を旅客機に転用できないかと考え、多くの航空会社の賛同を得られないものの、当時、世界を代表する航空会社であったパンアメリカン航空が後押しし開発に漕ぎ着けたという流れがあるため、ボーイングとしても暗中模索であったことがうかがえる。

「ジャンボ」という愛称は、初飛行でロンドンに飛んだとき、取材した記者によって名付けられている。当時ロンドンの動物園で人気だった象の愛称が「ジャンボ」だったための命名だった。しかし、ボーイング側は「象では空を飛ぶイメージではない」と否定に奔走したが、世界中で「ジャンボ」は定着し、ついにボーイング自らも「ジャンボ」と呼ぶようになったという経緯がある。それだけに「ジャンボ」は誰もが知る旅客機の愛称となった。ちなみに、777の長距離型である777LRには「ワールドライナー」、787にも「ドリームライナー」という愛称があるが、こちらはボーイング自らが命名していて、知名度はかなり下がる。おそらく「ジャンボ」を超える旅客機の愛称は今後も現れないであろう。それほどに747機の登場は世界にインパクトを与えた。

747の成功には巨体に見合ったエンジンと高揚力装置の開発があった ——大きいだけではなくそれに見合った技術が開発された——

747ジャンボ機の開発はあらゆる面で航空機技術を進歩させている。これは「ただ大きいだけじゃない」ということを意味している。707に比べて定員は倍以上、機体の容積でいうとそれ以上の大きさである。大きく重い機体を飛ばすのだから、エンジンの数を増やしたり、長い滑走路が必要だったり、騒音も大きくなりそうで、巨体ゆえに小回りが利かなくなりそうであるが、747は4発エンジンと707と同じで、騒音はむしろ小さく、大きい機体なのに身軽である。747の開発にあたっては、その巨体を飛ばすために、力で対応しているというよりは、工夫で克服している部分が随所にある。

エンジンも進化している。人類初のジェット旅客機だったデ・ハビランドＤＨ．１０６コメットや７０７の初期型ではターボエンジンだった。ターボエンジンは、前方から取り込んだ空気を高温高圧にし、燃料を燃焼させて高温ガスを後方に噴射して推力を得ている。高圧にするコンプレッサーもエンジン本体のタービンで回している。

しかし、７０７の量産型からはターボファンエンジンに変わっている。「ファン」があるかないかの違いだが、これによってエンジンの性能は向上する。最前部のファンで取り込んだ空気を、ターボエンジン同様に燃焼させて噴射させる空気と、外周部を燃焼させずに吐き出す空気に分けた流れにする。燃焼させた空気と燃焼させずに後方に蹴り出した空気の合計で大きな推力を得ている。ターボジェットエンジンでは、エンジン本体のタービンでコンプレッサーを回しているると記したが、ターボファンエンジンではファンも同様に回している。現代のジェット旅客機は、ジェットエンジンといってもエンジン前部でファンが回っていることは承知であろう。

エンジンの騒音源は、高温高圧の空気を燃焼させて爆発的な力を得ていることによるが、ターボファンエンジンでは、燃焼させる空気の流れの部分を燃焼させずに流れる空気で覆うことによって騒音を小さくしている。

ターボファンエンジンでは、燃焼させる空気と燃焼させない空気の比率をバイパス比と呼んでいて、747では、バイパス比4という高いバイパス比のエンジンが開発された。バイパス比4とは10の空気を前方から取り込んだ場合、燃焼させる空気2、燃焼させない空気8の割合をいう。707量産型から737－200までに使われたターボファンエンジンはバイパス比が約1程度なので、747開発でエンジンが大きく進化したのである。

ジェットエンジンの進化をまとめると、DH．106やB707初期型で使用されたのはターボエンジン。707量産型から737－200までで使用されたのが低バイパス比のターボファンエンジン、747からは高バイパス比のターボファンエンジンとなる。高バイパス比か低バイパス比かは4程度のバイパス比の数字を境としている。

エンジンはその後飛躍的な進化を遂げ、最新の787のエンジンはバイパス比が約10にまで高くなり、前方から取り込んだ空気の1割も燃焼させておらず、低燃費、低騒音を実現している。このため、以前のジェットエンジンが細長い形状であるのに対し、現代のジェットエンジンはビヤ樽のように太くなったという違いがあり、これは空気だけの流れの部分が大きくなったことを示している。

その証拠に空港で駐機しているジェット旅客機を前方から眺めてみると、エンジンの前方にはフィンがありその隙間から後方が透けて見える。一般にエンジンと思われている筒状のものは大きな太さがあるが、エンジン本体自体は細く、大部分は空洞になっている。

エンジンを高バイパス比にすることで大きな推力が得られるようになった。７０７量産型のエンジンでは、推力8・6トン×４基だったが、７４７初期型では、推力21トン×４基のエンジンとなった。

およその飛び方でいうと、黎明期のジェット旅客機は、勢いのある空気を後方に噴射して飛んでいたとすれば、現代のジェット旅客機は、勢いのある空気の流れは細く、その周りから勢いはさほどないものの、大量の太い空気を蹴り出して飛んでいるのである。

大きな機体を支えるのに必要な高揚力装置の開発も７４７を成功させるのに欠かせない要素であった。空港の展望デッキなどで眺めているとき、７３７など150席程度の機体でも、７４７などの大きな機体でも、滑走距離はさほど変わらないと思ったことはないだろうか。７３７と７４７では機体の大きさや重さにかなりの差があるにもかかわらずである。着陸時も、機体の大きさや重さが異なるのに、７４７のような大きな機体でも、身軽そうな７３７でもほぼ同じ速度で滑走路に進入してくる。

機体を支えているのは主翼で、主翼に発生する揚力で航空機は空中に浮いているが、揚力は速度に比例するので、ゆっくりしたスピードでは大きな揚力は得られない。にもかかわらず７４７

などの大きな機体が、小さな機体同様の速度で空中に浮いていられるのには理由がある。

その大きな機体を支えているのが、高揚力装置と総称される補助翼の類である。航空機は主翼が前へ進むことによって、主翼の上面と下面を流れる空気の圧力差で生じた揚力によって空中を飛んでいる。揚力は速度に比例するほか、主翼面積にも比例して大きくなる。着陸時は速度を落として滑走路に進入するので、速度が遅い分だけ揚力が少なくなってしまい、大きな機体を支えられない。そこで747では着陸時に使用するフラップという補助翼が3段になっていて、主翼後方に大きくせり出すことによって着陸時は主翼面積を大きくし、大きな機体でもゆっくりした速度で滑走路に進入できる。747はただ大きいだけではなく、大きな機体を支えるに充分な装備を有している。

旅客機の窓側、とくに窓側後方に座ると主翼にあるさまざまな装置を観察できる。主翼前方のスラット（前縁フラップともいう）、主翼後方にはフラップが装備され、巡航時に比べてスピードの遅い上昇時と着陸前の降下時に揚力を補う役目がある。とくに着陸寸前はスピードをできる限り絞っているので、フラップは最大限大きくせり出している。翼面積を大きくして踏ん張っているのである。747では3段仕立ての大きなフラップを装備し、こういった高揚力装置が開発されたために大きな機体の安全な離着陸が可能になった。

747の着陸時、3段のフラップを出し、低速でも大きな機体を支える

強力なエンジン、高揚力装置を装備した結果いえることは、７３７と７４７を比べると、小型の７３７のほうが身軽に思えるが、７４７でも、その大きさに見合ったエンジンや翼を持っているので、身軽さは同じということである。

７４７開発は、大きな機体を安全に運航するためにさまざまな工夫がなされた。現代の機体にとっては当たり前の装備も、７４７開発をきっかけに民間機に採用されたものは多い。

通常の旅客機の車輪は主翼に２カ所と前脚があり、７４７では大きな機体を支えるために、主翼に２カ所、胴体中央に２カ所、そして前脚という配置になり、それまでの機体は前脚だけがステアリングしていたのに対し、７４７では胴体にある車輪もステアリングする。こういった構造は７７７にも受け継がれている。

慣性航法装置には多数決の原理を取り入れた
── 大型機開発で自動操縦装置も進化した ──

自動操縦装置も747ジャンボ機開発で大きく進歩した。通常、航空機の位置は、地上からのレーダーサイトの範囲であれば、仮にパイロットが自機の場所が分からなくなったとしても、地上に交信すれば位置を教えてもらえる。しかし、レーダーの範囲外になる太平洋や大西洋などの洋上では、それはできなかった。現代であればスマートフォンでもGPS機能によって自分の場所を正確に把握できるが、707の時代は方位磁石から自機の場所を割り出していた。そういった意味でも機長、副操縦士のほかに航空機関士が必要だったのである。とくに方位磁石が役に立たなくなる北極や南極など極地の飛行は天体を頼りにするしか自機の位置を知る方法がなかった。

しかし、747には慣性航法装置が取り入れられ、旅客機の自動操縦が大幅に進んだ。慣性航法装置とは正確なジャイロから成るシステムである。自動車に乗っている人間でたとえるなら、自動車が発車すれば人間の背中は座席に押さえつけられ、急発進すれば強く押さえつけられる。ブレーキをかければ人間は前に傾くし、右にハンドルを切れば人間は左に倒れようとする。ということは人間の動きから逆算すれば、車は出発した場所からどの方向へどのくらい進んだかが分かるはずである。これを利用したのが慣性航法装置で、成田空港出発時に、コンピュータに成田

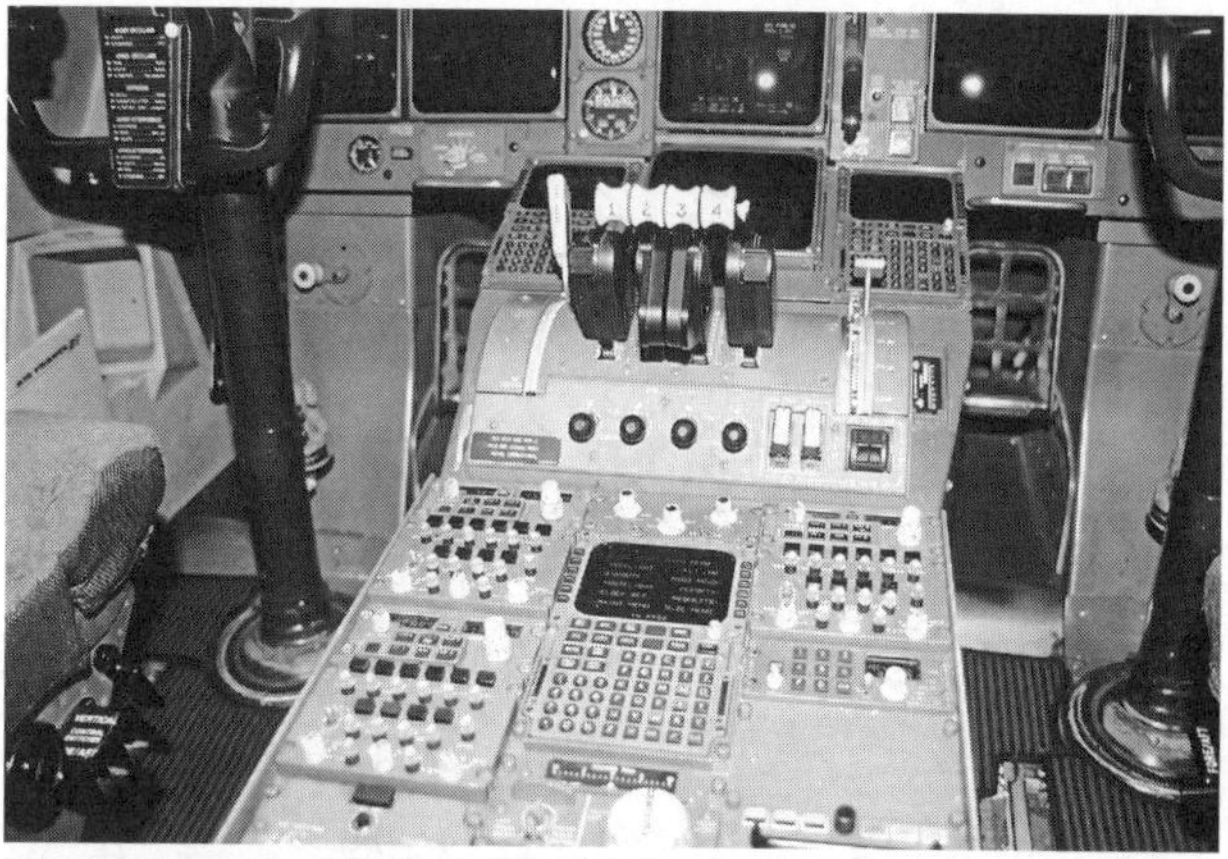

747のコクピット。機長席と副操縦士席の間にあるスラストレバーの手前にあるのが慣性航法装置の入力パネル

空港の緯度・経度を入力し、目的地に、たとえばロサンゼルスの緯度・経度を打ち込めば、コンピュータによって自動的に機体はロサンゼルス上空まで導いてくれるのである。

慣性航法装置は重要な役割を担うため、1機に3基装備され、常に3基が別々に計算するという方法が取られている。通常は3基が同じ答えを出し、仮に1基が異なる答えを出した場合は、同じ答えだった2基のほうが採用される仕組みである。3基が3基とも異なる答えを出す確率は0に近く、2基が同じで1基が異なる答えを出した場合、1基が正解で2基の間違った答え同士が一致するという確率も0といっていいという考えから、多数決で決めるのである。

そのため、大変高価で高度な技術を結集した装置ながら、1機に2基ではなく3基装備されている。多数決の原理を採用するためには2基では成り立たないからだ。登場時はこの慣性航法装置1基は小型旅客機に相当する価格だともいわれたが、最大で500人も乗せられる機体だからこそ、こういった高価な装置を装備することができた。

日本が関わっていたジャンボ機の派生型
――500人以上を乗せられるジャンボ機は日本国内用だけだった――

747ジャンボ機には、日本市場に大きく関わる機体も開発された。

ひとつ目は747SRという機体。SRとはShort Rangeの略で、短距離型である。これはおもに日本市場用に開発された派生型であった。当時の日本は高度経済成長期で、航空需要が急速に伸びていたが、成田空港も関西空港も開港しておらず、羽田空港や伊丹空港ほか主要空港の滑走路も少なく、騒音問題などもあり増便が困難な状況にあった。そのため、一度に多くの乗客を運べる機体を必要としていた。

そこで、飛行時間がおおむね3時間以内の短距離路線にしか使わないという前提で開発されたのが747SRで、1日に何度も離着陸を繰り返すことになるので、車輪やブレーキが強化された。機内食を提供する設備を省略し、全席をエコノミークラスにした結果、本当に500人も乗れるジャンボ機が誕生した。1973年に日本航空の国内線に就航し、その後全日空も導入した。現在では信じられないかもしれないが、羽田空港の能力が限界だったため、伊丹、福岡、千歳、那覇便などの幹線はもちろん、函館、秋田、小松、広島、長崎、熊本、宮崎、鹿児島などへもジャンボが飛んでいたのである。

当時の日本では「ジャンボ機は500人乗りの大型機」と認識されていたが、それは日本だけの常識であった。500人乗りのジャンボ機は日本でしか体験できなかったからである。けっきょく、この747SRは当時の日本航空と全日空のみが導入し、海外の航空会社でこの機体を購入する航空会社はなかった。海外ではジャンボ機はファーストクラスとエコノミークラスの配置で、定員は400人前後であった。747が開発された当時、747の大きさを表す言葉として「最大で500席にもなる旅客機」といわれたが、実際に500人以上を乗せて営業運航していたのは日本の国内線2社だけであった。

日本が大きく関わっている2つ目のジャンボ機は747SPである。こちらはSpecial Performanceという長距離型で、当時、大きな需要があるのに直行できなかったニューヨーク〜東京間を直行できる機体開発をパンアメリカン航空がボーイングに打診、それに応えたのが747SPであった。

航空機の長距離型というのは、簡単にいえば長い時間飛ぶためにたくさんの燃料が積めること

初期型ジャンボ機の長距離型だった747SP（香港）

で、たくさんの燃料が積めること＝重い重量で離陸するだけの強力なエンジンを装備することである。

しかし、エンジン開発を伴う航空機開発は新型機材開発に匹敵する大きなプロジェクトになる。そこで、比較的簡単に長距離型を開発する方法が、エンジン性能をそのままに、乗れる乗客や積める貨物を少なくし、その分を燃料の重さに充てるという方法である。その方法で誕生したのが747SPで、機体を短くし、ずんぐりむっくりの機体となり、機体を短くした結果、安定性の観点から垂直尾翼は大きくなった。747SPの初飛行は1975年、翌1976年、パンアメリカン航空がニューヨーク〜羽田間に直行便を就航させ、当時は「SP超特急」と呼ばれた。

747SPの開発はニューヨークと東京を直行することにはじまっているので、日本が関わっている機体であるが、日系航空会社への導入はなかった。しかし、747SPは意外な需要にも応えられた。韓国、台湾、中国、イラン、シリア、南アフリカ、オーストラリア、アルゼンチン、モーリシャスなどの航空会社も採用した。オーストラリア、アルゼンチン、モーリシャスは世界の主要都市から遠いというのが理由で、その他の国々は外交的に孤立した国が多く、経由できる国が少ないため、なるべく目的地に直行できる機体を必要としていた。

たとえば、当時の韓国はソ連と国交がなく、台湾の飛行機は中国上空も飛べなかった。南アフリカの航空会社は、人種隔離政策の関係で他のアフリカ諸国上空も飛べなかったのである。しかし、747SPは、長距離を飛ぶために乗客や貨物を削ったので、経済性には劣り、新型機材導入とともに民間旅客機から姿を消すが、その後は長距離性能を生かして、各国の政府専用機などに多く改造された。

コンコルドはなぜ普及しなかったのか
――音速の2倍を出すのは容易なことではなかった――

747ジャンボ機は、当初航空会社の関心を引かなかった機体であったものの、就航することで国際間の往来が活発になり、空の大量輸送時代が到来した。一度に多くの乗客を運ぶことで航空運賃は庶民にも手の届くものになったのである。

いっぽう、世界が関心を寄せていた超音速旅客機コンコルドの開発は、イギリスのBAC（British Aircraft Corporation＝ブリティッシュ・エアロスペースを経て現在のBAEシステムズ）とフランスのアエロスパシアル（エアバスの前身の1社）の共同開発となった。イギリスからすれば、デ・ハビランドDH.106コメットを開発し、世界で初のジェット旅客機開発という歴史を残したが、失敗に終わっているので名誉挽回したいところで、フランスとの共同開発にし、万全の態勢で超音速旅客機開発に臨んだ。

どうやって音速の2倍、マッハ2という速度を出すかというと、通常のジェット機が3万〜4万5000フィート程度の高度を飛ぶのに対し、コンコルドは5万5000〜6万フィートという高度を飛び、高い高度を飛ぶことで空気抵抗が少なく、速く飛ぶことができたのである。その高い高度に駆けのぼるために4発のエンジン、しかも戦闘機のようなアフターバーナーを備えたエンジンで爆音を轟かせて上昇した。

主翼と水平尾翼が一体となった三角形のデルタ翼と呼ばれる翼が採用され、超音速で飛ぶ場合はこの形状が空気力学的に有利とされていて、同じく超音速で飛ぶ戦闘機がデルタ翼なのと同じ理屈である。しかし、デルタ翼は高速で飛行中は有利なものの、低速で飛行する離着陸時は、鳥が地上に舞い降りるのと同様に、機体前方が上を向くように斜めの姿勢にする必要がある。ところが、そのような姿勢にするとパイロットから前方の視界が悪くなるので、コンコルドは着陸時に機体前方が折れ曲がるという複雑な構造となった。

数々の新機軸を伴って誕生したコンコルドだったが、音速の2倍という速度の代償は大きかった。たった１００席の定員に対して4発のエンジンは不経済であった。何しろターボファンエンジンではなく、ターボジェットだった上にアフターバーナーを備えているので、燃費は非常に悪く、それが運賃に跳ね返り、全席が一般旅客機のファーストクラスよりも高額な運賃となり、大衆化と逆行した。離陸時の騒音は戦闘機同様で凄まじいものであったし、滑走路も４０００メートルを必要とした。

機内は狭く、窓は葉書サイズと小さく、外の景色が楽しめるようなものではなかったし、第一デルタ翼にしたため、ほとんどの座席からは翼しか見えなかった。コンコルドでは豪華な食事が振る舞われたが、逆にいえば食事くらいしか乗客を楽しませる術がなかったのだ。

コンコルドは７４７と同じ１９６９年に初飛行するものの、初就航は１９７６年で、生産当事国のブリティッシュ・エアウェイズとエールフランスだけが運航、これも意地で運航したようなもので、高額な運賃にもかかわらず、飛ばせば飛ばすほど赤字であった。そのため「恨みっこ

ロンドン・ヒースロー空港に着陸するコンコルド

なし」というような感じでブリティッシュ・エアウェイズ、エールフランスそれぞれが8機ずつ運航したのである。結果的には超音速旅客機として世界が期待したコンコルドは16機を生産しただけで（試作などを含めれば20機）、初就航の1976年に生産を終了している。

コンコルドを運航する上でもっとも問題だったのは、高高度を飛ぶためにオゾン層を破壊するとして、世界各国はコンコルドの上空通過を拒否したことである。コンコルドは従来の機体の倍以上のスピードを出す。しかし、かといって1時間かかる東京～大阪間が30分になるわけではない。短距離の区間では高高度に昇って降りるだけになってしまうので、むしろ1時間以上要するかもしれない。長距離区間でなければ時間短縮効果が表れないのである。さらに地上の上空を飛べないとなると、公海上を飛ぶしかなく、ロンドン～ニューヨーク、パリ～

ニューヨーク、ロンドン～マイアミ、パリ～ダカール～リオデジャネイロなど、おもに大西洋上を飛んだ。

コンコルド開発は、航空技術の発展には寄与したが、旅客機ビジネスとしては成功しなかった。いっぽう、747は現在でこそ、かつての勢いはなくなったが、それでも今なお製造されていて、すでに1500機を超える受注を得たベストセラー機になった。アメリカ軍に採用されたロッキードの大型輸送機C－5とて150機も生産されておらず、不採用案から生まれた747のほうが旅客機ビジネスとしては大成功であったのだ。

実はアメリカも計画していた超音速旅客機
――当時は大型化より高速化に期待していた――

ボーイングの大型旅客機747ジャンボ機は成功を収め、イギリスとフランスが共同開発した超音速旅客機コンコルドは世界に普及することはなかったが、当時の超音速旅客機は期待された存在で、ヨーロッパ以外が超音速旅客機に関心がなかったわけではない。

ソ連でも、実質的には実用化されなかったものの、ツポレフTu－144という超音速旅客機を開発した。こちらは当時のソ連国内でさえ普及することはなかった。

しかし、こういった事実は現在となってみれば当たり前のように語り継がれているが、これら超音速旅客機の開発がはじまった1960年代初頭は、近い将来は超音速旅客機が世界中を飛び回っていると、誰もが想像していた。1964年には東海道新幹線が開業、東京～新大阪間が4時間で結ばれるようになったが、東京～ニューヨーク間や、東京～ロンドン間も近い将来、同じく4時間ほどで結ばれると考えられていた。

イギリスやフランスでも、まさかコンコルドがたった16機の生産で終えることは予想していなかっただろう。日本でもこの時期、プラモデルや玩具では日本航空デザインの超音速旅客機が店頭にあり、気運としては超音速旅客機全盛の時代はすぐそこまで来ていた。現在は「マッハ」という言葉を使うことはないが、当時は速さを表す言葉や、テレビ漫画などでは「マッハ」はよく使われていた。世界は超音速旅客機に期待をしていた時代であった。

となると、当時ヨーロッパ、ソ連と並んで世界最大の航空大国であったアメリカが超音速旅客機に興味がなかったはずがない。実際、アメリカ航空業界は超音速旅客機には興味大ありで、SST開発が検討されていた。しかし、ヨーロッパとソ連では実機を飛ばしたのに対し、アメリカでは実機ができる前に開発が中止になったので、人々の記憶からもアメリカの超音速旅客機開発計画が薄らいでいるのである。ではアメリカ製超音速旅客機とはどんな機体だったのだろうか。

当時、アメリカを代表する航空会社だったパンアメリカン航空もコンコルドを発注しており、アメリカとしても超音速旅客機開発を急ぐ必要があった。コンコルドの開発が発表されたのは1962年、翌1963年にはアメリカでもナショナルSST計画の予算が、当時のジョン・F・ケネディ政権に承認されている。アメリカで民間機開発プロジェクトに国家予算を組むというのはこれが最初で最後の出来事だった。

計画にはボーイングが2707、ロッキードがL－2000という開発案を出し、1964年にアメリカ連邦航空局がボーイング案を承認している。アメリカはヨーロッパより遅れて超音速旅客機開発を行うため、コンコルドに勝る性能の機体を開発する必要があり、ロッキード案のほうが開発は容易であったものの、性能的に高いレベルのボーイング案が選ばれる。

コンコルドと747はともに1969年に初飛行を果たしているので、アメリカはこの時期、超大型旅客機と超音速旅客機双方の開発を行っていたことになる。いわば、アメリカは超大型と超音速の二股をかけていた。コンコルドを開発したヨーロッパでは、1960年代は超音速旅客機開発に邁進し、ヨーロッパ初のワイドボディ機A300の開発が決まるのは1969年のことで、本格的な開発は1970年代に入ってからである。つまり、アメリカは大型化とスピード化双方を視野に入れていたのに対し、ヨーロッパでは少なくとも1960年代はスピード化だけを考えていたことになる。

７４７は需要や航空会社からの要望があって開発がはじまったのではない。米軍用の大型輸送機計画があって、それが不採用になったことから民間旅客機に転用したのである。期待されて開発されたわけではなく、その後ベストセラー機になるが「瓢箪から駒」であったのだ。

反面、アメリカでも超音速旅客機の時代が来ると思う向きが多かったといえ、大量輸送時代が来ると期待していた航空会社は少数派だった。ボーイングの設計陣も、７４７は旅客機として成功しなくても、その大きさから貨物機に転用できると考えており、その辺りのリスク回避への予防意識はアメリカが勝っていたのかもしれない。

コンコルドが１００席なのに対し、７４７はエコノミークラスのみにすれば５００席以上の定員なので、大きさはかなり違う。現在からすればコンコルドの１００席はあまりに小さいと思われるが、当時旅客機を利用できる客層はごく限られた階級で、航空輸送が現在のような大衆化に向かうとは考えられていなかったこともうかがえる。客層が限られた階級であることは変わらず、スピードへの欲求だけは増していくと考えられていたわけだ。とくに階級社会のヨーロッパではそのような考えが支配的で、アメリカではスピード化とともに、大衆化も予測していたというのも納得できる部分が大きい。

アメリカのSSTは可変翼を持つ理想的な機体だった
―実現していればとてつもなく大きな高速機だった―

それではボーイングの計画していたSSTはどんな機体だったのであろうか。形式名は2707で、707に2を冠している。コンコルドの巡航速度がマッハ2・2だったのに対し、基本形の2707－200ではマッハ2・7を計画していたことから2707になったともいわれている。コンコルドより機体が40メートルほど長く、全長は100メートルを超えていた。現在の旅客機でもっとも長い全長を持つボーイングの747－8ICが約76メートルなので、もしボーイング2707が実現していたら、とてつもない長さの旅客機になっていた。

胴体は通路が2列あるワイドボディ機で、横2－3－2席配置と、現在の767が100メートル以上の長さに伸びたような機体だった。2クラスで277席、最大で300席、実現していればコンコルドの3倍という、超音速で大量輸送できる機体となっていた。もし全長100メートルの旅客機が世界を飛び回っていたら、空港の駐機場などのサイズも現在とは違っていたはずである。

先進的だったのは主翼構造だ。デルタ翼は音速を超えるような高速運航時に安定した性能が得られる形状だが、離着陸時には大きな角度をつけないと揚力が得られない。そこで、主翼が折れ曲がる可変翼を計画していた。可変翼とは、主翼が通常の旅客機のような形状をしているものの、後方に折れ曲がると尾翼と一体になってデルタ翼に変身するというものだ。戦闘機では実用化されていて、こうすることで離着陸時は通常の旅客機のようなスタイルで、高速巡航中はコンコルドのようなデルタ翼となって、常に安定した揚力が得られる。これを初めて旅客機に採用しようとしたのである。

2707は実現していれば、コンコルドよりかなり高性能かつ大型の超音速旅客機になっていた。ところが、実際に設計をはじめると、可変翼はことのほか構造が複雑になり、重量が増加してしまう。超音速旅客機は、音速を超える速度で飛ぶために、空気抵抗の少ない高度を求めて、通常の旅客機よりずっと高い高度まで駆けのぼらなくてはならない。重量が重い機体では、その高高度に昇るために多くの燃料を要してしまい、現実的ではない。けっきょく、可変翼を諦め、コンコルドなどと同じデルタ翼に設計変更せざるを得なかった。機体自体も縮小して234席となった。これでは定員こそ多いもののコンコルドとあまり変わらず、また不採用になったロッキード案とは何の変わりもない機体になってしまった。このモデルは2707－300と呼ばれている。これが最終的なボーイングの超音速旅客機となった。

アメリカ製のSST機もパンアメリカン航空が2707の導入をいち早く予定していた。このほかアメリカではトランス・ワールド航空も導入を計画していた。ちなみに、現在のアメリカ系航空会社の３強であるデルタ航空、アメリカン航空、ユナイテッド航空は、その当時アメリカ国内線のみの航空会社で、超音速旅客機とは縁がなかったというのも時代を感じる。日本航空もコンコルドを３機導入する計画だったものを、２７０７を５機導入予定に変更している。

しかし、イギリスとフランス共同開発だったコンコルドの先行きが芳しいものではなかったことなどを受け、コンコルド初飛行の１９６９年から2年後の１９７１年、予算が断ち切られたことからアメリカのＳＳＴプログラムは終了する。超音速旅客機導入を予定していた世界の主要航空会社は、発注を７４７ジャンボ機に切り替え、以降はボーイングも７４７の生産へと専念する。

結果的には期待されていた超音速旅客機は幻に終わり、あまり期待されていなかった巨人機が世界でベストセラー機になるという皮肉な結果になる。期待されていた超音速旅客機２７０７は実機がつくられることなくモックアップに終わる。

熾烈な売り込み合戦を繰り広げたＤＣ－10とＬ－１０１１トライスター
――ジャンボの成功でワイドボディ機花盛りに――

７４７ジャンボ機は成功し、片や超音速旅客機コンコルドは数々の技術革新をもたらしたものの、旅客機ビジネスとしては失敗となり、旅客機は高速化ではなく大量輸送へ向かうことがはっきりした。

747は最大で500席という機体が望まれて登場したのではなく、不採用になった軍用輸送機案から誕生していることは前述した通りである。そのため、707やDC－8と747のサイズには開きがあり、その中間サイズを埋める機体が必要となった。それに応えたのが、ダグラスの開発したDC－10（約300席）であり、ロッキードの開発したL－1011トライスター（約250席）で、ともに1970年に初飛行を行った。これらは747ほどの大きさはないもののワイドボディ機で、エンジンは主翼に2基、後部に1基の3発機で、スタイルは似通っていた。

ダグラスはDC－1からはじまってDC－7までがプロペラ機、DC－8、DC－9がナローボディジェット機、DC－10でワイドボディジェット機へと発展した。ロッキードはプロペラ機としては旅客機を多く開発し、軍用機としてはジェット機を手掛けていたものの、ジェット旅客機はL－1011が初めてであった。ボーイングが開発し、成功した747に続けとばかりにアメリカの航空機産業界はワイドボディ機開発で勢いづいたのである。

DC－10は初飛行翌年の1971年にアメリカン航空とユナイテッド航空によってアメリカ国内線に運航を開始、L－1011も1972年にイースタン航空によってアメリカ国内線に就航

全日空が導入したL-1011トライスターは国内幹線に飛んだ（羽田）

している。日本では1964年に東海道新幹線が開通しているが、アメリカでは当時から国内移動はほぼ航空機に限られていて、航空需要は高く、アメリカの大手航空会社がどの機体を採用するかというのは航空機メーカーにとっては開発できるか否かの大きなポイントであった。イースタン航空は後にパンアメリカン航空などとともに倒産してしまうが、当時はマイアミを拠点にし、その名の通りアメリカ東部に稠密な路線網を有していた大手航空会社であった。

DC－10とL－1011は、機体サイズ、性能、用途がほとんど同じだったため、熾烈な売り込み合戦を繰り広げた。アメリカでもナショナル航空（後にパンアメリカン航空と統合）、ウエスタン航空（後にデルタ航空と統合）、ノースウエスト航空（後にデルタ航空と統合）などはDC－10を採用、デルタ航空、トランス・ワールド航空（後にアメリカン航空と統合）、パンアメリカン航空（後に倒産）などはL－1011を採用、アメリカでもDC－10派とL－1011派に真っ二つに分かれたのである。

しかし、同じような用途のDC－10とL－1011だったものの、性能面ではない部分に大きな違いもあった。DC－10のエンジンがゼネラル・エレクトリックのものでアメリカ製だったのに対し、L－1011のエンジンはロールス・ロイスのもので、イギリス製だったことで、イギリス系の国はL－1011派であった。たとえば、ブリティッシュ・エアウェイズ、当時イギリス領だった香港のキャセイパシフィック航空、同じくイギリスが統治していた過去があるバーレーンなど湾岸各国共同だったガルフ航空などである。そして、このエンジンメーカーの違い、当時は些細なことであったが、その後のボーイングとエアバスのポジションに少なからぬ影響を与える。

日本では日本航空はDC－8を運航していた流れからDC－10を採用、これは自然な流れであった。また、全日空もDC－10導入を計画していた。ところが一転して全日空はL－1011を採用することになる。これがいわゆる「ロッキード疑惑」から「ロッキード事件」に発展したもので、後発だったロッキードは、DC－10に押され気味だったことから政界を巻き込んでの売り込みを行い、それがスキャンダルとなったのである。

しかし、L－1011は優れた機体で、とくにロールス・ロイスのエンジンは静粛性に富んだものであったため、全日空はその低騒音をキャッチフレーズにしており、運航当初のパンフレットには「囁くトライスター」とうたわれた。また、ロッキードは軍用機開発で優れた技術を持っており、L－1011は高いレベルの自動操縦装置を備えていた。

コラム②

その頃の日本には航空会社によって路線割り当てがあった

大手航空会社の日本航空、全日空、東亜国内航空の3社が出揃った1971年の翌1972年には航空会社の割り当てを定めた産業保護政策が発動される。俗にいう「45・47体制」である。日本航空は国際線と国内幹線、全日空は国内線全般、東亜国内航空は国内ローカル線を運航するものと定め、俗に「航空憲法」と呼ばれた。1970（昭和45）年に閣議了解、1972（昭和47）年に運輸大臣通達が出されたことによる名称である。

こうして日系航空会社は国内的には成長するが、海外に目を移せば1976年にはアメリカで航空規制緩和法が議会で可決され、世界では航空自由化に向かいはじめていた。「45・47体制」は日本の航空政策が日系航空会社の国際的な競争力を低下させる原因になったともいわれる。

1980年代に入ると、航空旅客はさらに多くなる。747ジャンボ機には日本国内専用の747SRが就航、国内旅客が伸び、航空会社の収益の多くは国内線になる。いっぽう、日本航空は収益の多くを国際線に頼らねばならず、本格的に国内線に進出したいものの、政策が足かせとなってしまう。全日空は何とかして国際線に進出しようと国際チャーターを多く手掛け、東亜国内航空は幹線に進出しようとA300を導入する。

45・47体制が見直されるのが1985年で、政府は日本航空にはローカル線も、全日空には国際線を、東亜国内航空には国内幹線も認めることになった。競争の原理を取り入れ、日本航空は半官半民から1987年に民間会社へと移行される。1986年には全日空が念願の国際線に進出し、グアム便を就航させる。さらに1988年には東亜国内航空もソウル便で国際線に進出、社名を日本エアシステムに改めるのである。

小さな航空会社の統合や設立も多かった。日本航空は沖縄返還前からこの地で運航していた南西航空をグループ傘下にし、日本トランスオーシャン航空に改名した。同社の子会社だった琉球エアーコミューターもグループ傘下になった。測量事業などを行う朝日航洋系列の朝日航空が設立した西瀬戸エアリンクの事業を引き継いだのが、パイロット養成を行っていたジャルフライトアカデミーで、これがジェイエアとなった。1997年にはジャルエクスプレスが誕生、当時「時給スチュワーデス」という言葉で有名になった（現在は日本航空と統合）。

ANAにも、僻地や離島路線を運航するために関係地方自治体と共同出資する日本近距離航空が誕生、後にエアーニッポンとなり、傘下にエアーニッポンネットワーク、エアー北海道などが設立されるが、現在はANAに統合されている。名古屋鉄道と共同出資した中日本エアラインサービスも、現在は名古屋鉄道が抜け、エアーセントラルとなるが、やはりANAに統合された。

東亜国内航空と鹿児島県が出資した日本エアコミューターと、日本エアシステムと北海道が出資した北海道エアシステムは、ともに日本エアシステムの傘下でローカル便運航を行った。

第3章

3度目の正直だったエアバス機開発

ヨーロッパが結集してA300開発がスタート

——ヨーロッパにしてみれば「3度目の正直」——

旅客機開発の歴史を振り返ると、初のジェット旅客機を開発したのはイギリスだったが、デ・ハビランドのDH．106コメットは、予想をはるかに超える金属疲労で空中分解し、その教訓に学ぶことのできたアメリカのボーイングの707やダグラスのDC－8が普及した。ジェット旅客機開発第2幕は、イギリス・フランス共同開発の超音速旅客機コンコルドVSアメリカのボーイングが開発した巨人機747ジャンボ機という図式で、またしてもアメリカの勝利で、コンコルドは普及せず、あまり期待されていなかったジャンボ機が普及し、空の大量輸送時代が到来、アメリカではダグラスのDC－10やロッキードのL－1011トライスターといったワイドボディ機の開発がはじまる。

ヨーロッパの航空機開発業界は意気消沈していたはずで、ヨーロッパにはこれといって世界に普及している航空機がなく、アメリカのボーイング、ダグラス、ロッキードに世界、少なくとも西側諸国の需要は独占されようとしていた。

しかし、ヨーロッパには旅客機を開発する大きな技術力があったことも確かである。初代ジェット旅客機のデ・ハビランドDH．106はイギリス単独、超音速旅客機コンコルドはイギリスとフランスの共同開発だったので、「3度目の正直」の思いで、ヨーロッパの技術力を結集させようとしたのがエアバス構想だった。

1カ国で駄目なら2カ国共同で、それでも駄目なら「すべてを結集して」という思いだったに違いない。国も全面的に後押しをし、政治主導でフランス、イギリス、ドイツ（当時は西ドイツ）の連合で、1967年に計画がスタートする。実際の機体設計はフランスのアエロスパシアル、イギリスのホーカー・シドレー（後にブリティッシュ・エアロスペースを経てBAEシステムズ）、ドイツ連合（ベルコウ、ドルニエ、メッサーシュミットなど）が担当することになった。聞き慣れないメーカーが出てくるが、ドイツのドルニエは日本でも調布飛行場から伊豆諸島に飛ぶプロペラ機がドルニエ製のほか、メッサーシュミットは戦闘機開発で知られていた。

ヨーロッパは2度の失敗を経ているので、慎重な計画が練られた。すでに旅客機開発ではアメリカが大きくリードしていたので、世界制覇などは視野に入れず「せめてヨーロッパ内で使う旅客機くらいは自分たちで開発しよう」という、消極的ともとれる姿勢で開発がスタートした。ヨーロッパ内の運航が前提だったので、洋上飛行を視野に入れず、双発にし、それでいて多くの乗客が乗れる300人クラスを想定し、A（Airbus）300（人）となった。「しょせんアメリカの旅客機にはかなわない」という気持ちがあったため、アメリカ製旅客機との真っ向勝

エアバス最初の機体A300はまずはエールフランスが運航をはじめた（パリ）

負を避け、アメリカ製にはないタイプを狙った。

現在のエアバスは株式会社であるが、発足当時は各国の航空機メーカーの取りまとめ役で、コンソーシアム（共同事業体）としてエアバス・インダストリーと呼ばれた。

エアバスのはじまりには紆余曲折もあった。当初、フランス、イギリス、ドイツの3カ国共同ではじまったが、間もなくイギリスが消極的になってしまう。計画を進めるうちに開発費が膨らんでいくが、当時のイギリスは財政難だった。コメット、コンコルドと2度失敗に関わっている国なので、弱気になってしまったのかもしれない。また、イギリスのロールス・ロイスのエンジンは売れているアメリカの旅客機に採用されており、そちらに力を入れたかったのかもしれない。何となくイギリスの立場が微妙にずれるのである。こうして初飛行にも至らない1969年にイギリスはエアバス計画から離れ、国としてではなくホーカー・シドレー単独でエアバス計画に残る。

いっぽう計画に新たに参加する企業も現れる。オランダのフォッカーとスペインのCASAであった。フォッカーのプロペラ機F－27フレンドシップは全日空のローカル線でも使われていた。

こうしてA300はヨーロッパが手分けして生産することになり、胴体下部をフランス、胴体上部をドイツ、主翼をイギリス、補助翼をオランダ、水平尾翼をスペインなどと担当し、最終的にフランスのトゥールーズで組み立てるという方法が取られた。現代となっては日本でつくられた787の主翼をアメリカのシアトルに運んで最終的に組み立てられるなどというのは当たり前になったが、分担して製造される旅客機はA300が初めてであった。

フランスは国を挙げてA300をセールスする
――徐々にA300の経済性が評価される――

こうしてエアバス第1号となるA300は1972年に初飛行し、1974年に、当時はまだ国営だったエールフランスによって路線就航する。続いてルフトハンザドイツ航空、アリタリア航空、イベリア・スペイン航空、スカンジナビア航空など、構想通りにヨーロッパの航空会社が導入し、ヨーロッパ内幹線に就航する。しかし、イギリスが開発から抜けていたので、Ａ３００カスタマーにイギリスの航空会社はなかった。ブリティッシュ・エアウェイズはエアバスの対抗機でもあるロッキードＬ－１０１１トライスターを導入しており、エンジンはロールス・ロイス製であった。

思えば超音速旅客機コンコルド開発時は、「飛ばせば飛ばすほど赤字」と分かっていながらエールフランスとブリティッシュ・エアウェイズは仲良く8機ずつ導入して飛ばしたが、航空機開発に対してフランスとイギリスが微妙にずれてしまった時期であった。

Ａ３００の売れ行きは当初芳しいものではなかった。この時期、オイルショックによって航空機燃料が高騰し、世界の航空会社は機体の新規発注を控えていた。そこでフランスはＡ３００のセールスに国を挙げて取り組む。「このままではコメットやコンコルドの二の舞いになる」という危機感もあった。

エアバスは、当時、アメリカの主要航空会社であったイースタン航空に4機のＡ３００を無償でリースしている。「タダで貸しますから気に入ったら買ってください」という航空機業界としては前代未聞の売り込みである。すでにアメリカは航空自由化に向かっていて、航空会社は過当競争にさらされていた。イースタン航空は大型機として国内幹線にＬ－１０１１トライスターを運航していたが、同じ定員を双発で運べるＡ３００は魅力であった。

エアバスにとって敵地であるアメリカで、イースタン航空にA300が貸し出された（ロサンゼルス）

リースしたA300は冬季のニューヨーク～マイアミ間で運航され、気温差の激しい両都市間をトラブルなく運航した。冬季のこの路線は避寒客の多いドル箱路線で、繁忙期を無事に乗り切ったことで、経営が危うかったイースタン航空は業績も持ち直した。気をよくしたイースタン航空は結果的に34機ものA300を購入し、当時は「アメリカの航空会社がエアバス機を看板機材にするのか！」と話題になり、イースタン航空のA300運航はエアバスの知名度向上に一役買う。現在では伝説の商法として伝えられている。

フランスは銀行の協力を得て発展途上国にもA300のセールスを地道に行った。ボーイングやダグラスは、新機材開発にあたってアメリカの大手航空会社が主力機材として購入するかどうかが関心事である。アメリカの大手航空会社が新機材を購入すれば、余剰となった機材が中南米に払い下げられるという構図である。しかし、エアバスでは発展途上国でも新機材を購入できるよう、銀行の融資を受けやすくした。

その結果、A300は徐々に受注数を増やしていく。ギリシャ、チュニジア、セネガル、南アフリカ、イラン、パキスタン、インド、タイ、インドネシア、韓国、オーストラリアなどの航空会社が導入し、当初想定していたヨーロッパ内から世界に運航範囲が広がっていった。

当初はオイルショックによる燃料高騰で航空機自体の売れ行きがよくなかったが、逆に燃料高騰の時期が長く続くとなると、双発で多くの乗客が運べるA300の経済性が世界で認められるようになり、エアバスを導入する航空会社が増えたのである。

日本でも、それまでローカル線しか認められていなかった東亜国内航空が幹線でも運航できるようになると、双発で大勢の乗客が運べるA300は魅力であった。東亜国内航空はその時点では赤と緑のデザインであったが、エアバス導入時に採用されたデザインはエアバスのデモンストレーション機のもので、尾翼に「A300」とある部分が「TDA」となっていた（Toa Domestic Airlines）。エアバスは自社のデモンストレーションデザインを東亜国内航空に譲ったのである。これも当時話題となったセールス方法で、ヨーロッパの航空ファンにも「日本に行くとエアバスのデモンストレーション塗装機が客を乗せて飛んでいる」と知れ渡っていた。

エアバスの成功を微妙に左右したイギリスの立場
――開発10年後にイギリスが再参加――

Ａ３００がアメリカでまで売れた要因にはＡ３００のエンジンがアメリカ製だったということも要因として考えられる。当時（現在もそうだが）、ジェット旅客機のエンジンはアメリカのプラット＆ホイットニー、ゼネラル・エレクトリック、イギリスのロールス・ロイスが３大メーカーである。Ａ３００はヨーロッパ製なのだから、エンジンはロールス・ロイス製かと思われるが、実はゼネラル・エレクトリック製である。プラット＆ホイットニー製もあるが、ロールス・ロイス製エンジンのＡ３００はない。意外な事実である。Ａ３００は純ヨーロッパ製ではなく、航空機の性能を決める上でもっとも重要な部分となるエンジンはアメリカ製なのである。

Ａ３００が計画された頃、アメリカではＤＣ－10とＬ－１０１１トライスターが生産真っ盛りで、Ｌ－１０１１はロールス・ロイス製エンジンであった。そのためロールス・ロイスは、まだ売れるかどうか分からないＡ３００のエンジン開発から手を引き、Ｌ－１０１１のエンジン生産に専念したのである。

今から思うと、コメットもコンコルドも多くのエンジンはロールス・ロイスが関わっていて、

ブリティッシュ・エアウェイズはA300ではなくL-1011を運航していた（ロンドン）

運悪くこれらの機体はビジネスとして失敗だった。3度の失敗は避けたいということでA300のエンジン開発に積極的でなかったと考えられ、結果的にはチャンスを逸した感もある。

しかし、もしA300が100％ヨーロッパ製であったなら、ヨーロッパ以外の国で数多く売れなかったかもしれない。A300はヨーロッパ製ながら、エンジンがアメリカ製だったため、アメリカはじめ多くの国で売れやすかったということもいえる。当時は些細な出来事であったように思われるが、エンジンメーカー選択の経緯は、後の流れに大きく影響している。

このようにしてエアバスは旅客機ビジネスとして徐々に成功し、頭角を現してくるのだが、苦しい時期を10年ほど経た1978年、イギリスが「やっぱり国としてエアバスに参加したい」といいだしてくる。これにはフランスは猛反発した。フランスにしてみれば「こっちは苦しいときに頑張ったのに」という気持ちであろうし、第一イギリスはエアバス機を買ってもいない。ブリティッシュ・エアウィズはA３００と敵対するL－１０１１を多く運航していて、これは自国のロールス・ロイス製エンジンを使っているからである。猛反発も当然で、イギリスの行動はずいぶん虫のいい話である。

ところが、フランスと同じ比率での共同開発国であるドイツがフランスをなだめるような流れでイギリスの再参加が実現する。A３００の成功には、イギリスのホーカー・シドレーが担当した主翼の設計が優れていたことも一因といわれる。当時最新技術だったリア・ローディング翼型が採用されていて、この翼型が整った空気の流れと高い揚力を生み出していた。ドイツは、もしイギリスをエアバスに参加させないと、こういった高い技術力がアメリカに行ってしまうことを恐れたのである。また、ドイツにしてみれば、すべてフランスのいうことを尊重するという態度をとりたくなかったのかもしれない。

こうしてみると、エアバスはフランスの意気込み、イギリスの技術、ドイツの冷静さなどに支えられて成功へとつながっていったように思えると同時に、各国の人々の気質も垣間見ることができる。

Ａ３００は貨物輸送にも重点を置いた設計だった
――７４７とＡ３００は同じ貨物コンテナが積める――

Ａ３００が順調に売れはじめたエアバスは次の機体を開発する。それが１９８２年初飛行のＡ３１０である。この機体はＡ３００の長距離型で、Ａ３００と同じ性能ながら、機体が短い。機体が短いということはそれだけ定員や積める貨物の量が少なくなり、軽くなるので、その分多く燃料を積むことができ、その結果、長い距離を飛べる。ボーイングの７４７と７４７ＳＰの違いと同じ理屈である。

旅客定員が少なくなるので、経済性を維持するため、それまで機長、副操縦士、航空機関士の３人の運航乗務員が必要だったところを、航空機関士の仕事はコンピュータが代わりを務めることになり、Ａ３１０はワイドボディ機初の２人の運航乗務員で操縦できる機体となった。

初就航は初飛行翌年の１９８３年、ルフトハンザドイツ航空で、ほぼ同じタイミングでＡ３００を購入していなかったスイス航空にも就航し、ともにヨーロッパ内国際線に運航をはじめた。Ａ３１０が就航した頃になると、エアバス＝ヨーロッパで使うものという感覚はなくなっていて、早い時期にシンガポール航空やパンアメリカン航空にも導入され、ヨーロッパ以外でも世界の名だたる航空会社が当たり前にエアバスを購入するようになっていた。

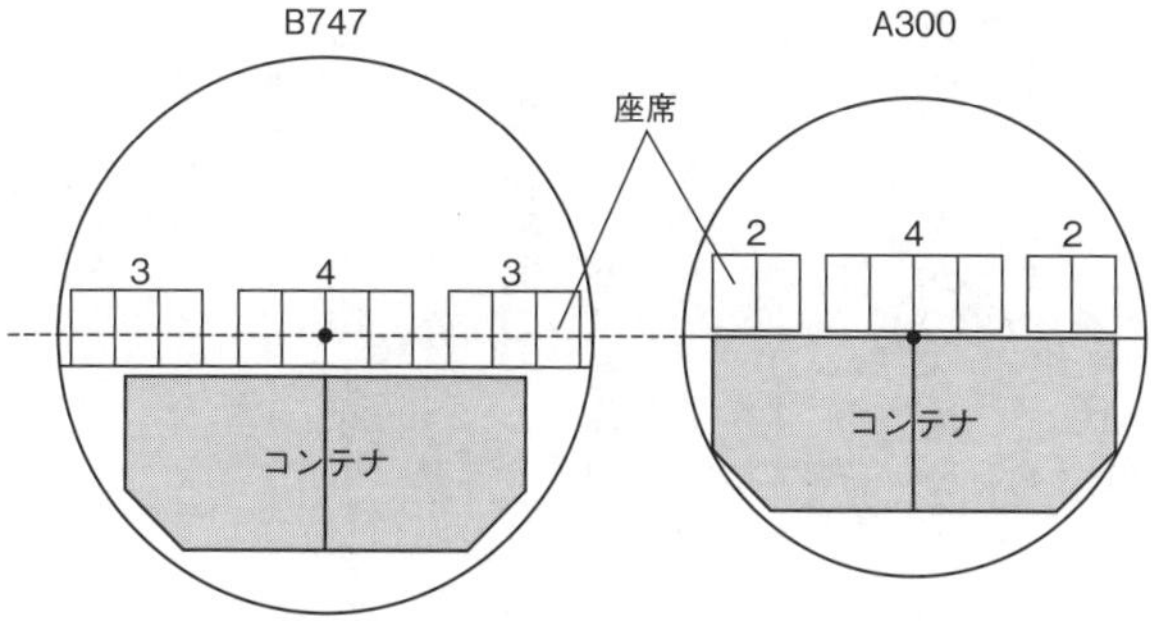

747とA300の機体断面

生産が続けられていたA３００もA３００-６００という新機種が１９８３年に初飛行、機体が長くなったほか、A３１０開発で培われた技術によって、やはり２人乗務になった。このA３００-６００は後に航続距離を伸ばしたA３００-６００Rに発展する。A３１０やA３００-６００は２人で操縦し、航空機関士の仕事はコンピュータが行うようになったので、当時「ハイテク機」と呼ばれた。

A３００、A３１０、A３００-６００ともに機体断面は同じで、この機体断面の決め方も、A３００が売れる要因だった。それが、貨物輸送にも重点を置いた設計だ。

７４７ジャンボ機が現れる以前は、ワイドボディ機はなく、床下に積むのは乗客の手荷物＋α程度であり、それらはバラ積みだったが、７４７の登場で、旅客機であっても床下スペースは大きくなり、貨物輸送も併せて可能となった。その大きな空間をうまく利用するため貨物はコンテナ、またはパレットに載せて機体に収納する。すると、もし、機体ごとに異なる大きさのコンテナであったなら著しく効率が悪い。そこで、A300は、747より一回り小さなサイズの機体であるが、747などに載せるLD－3型コンテナを並べて収納できる断面としたのである。

しかし、747のアブレストは3－4－3、A300は2－4－2なので、機体断面は横の配列で2列も異なるサイズ差がある。どうやって同じ大きさのコンテナを収納できるようにしたかというと、通常は機体断面のもっとも幅のある位置を客室の中心とするのだが、A300では、機体断面のもっとも広い位置を客室の床とし、床下スペースを大きくとった。そのため、A300の客室は機体のやや上部にずれた位置にあり、窓側に座ると壁が迫ってくる窮屈感があることも否めない。A300の窓側に座り、座席と壁の間に枕を押し込んでも下に落ちないくらいに座席と壁が接近している。

A300は、やや客室を犠牲にしてでも貨物輸送を重視したことになり、双発で多くの乗客を運べ、なおかつ貨物も多く効率的に運べるということで、A300は世界で売れた。

昔のヨーロッパなら「A300が標準」といった気持ちで独自のものを開発したであろうが、コメット、コンコルドと2度の失敗を経ていたので、謙虚な気持ちになり、すでに747が世界に普及しているという現実ありきで、それに合わせた設計にしたことが成功につながったのである。

旅客の快適性重視で誕生した７６７
――貨物輸送ではＡ３００より不利だった――

エアバスは、Ａ３００が当初予想より人気を博し世界に普及、さらにＡ３００を発展させ、運航乗務員を２人としたＡ３１０を初飛行させた。と同時にボーイングも、７４７ジャンボ機の次の機体となる７５７と７６７を並行して開発、初飛行させている。

７５７は中距離用ナローボディ双発機で、７２７が中距離用にもかかわらず３発機だったので、経済性を高くした。胴体直径は７０７、７２７、７３７と同じアブレスト３－３である。初飛行は１９８２年、初就航は翌年、イースタン航空のアメリカ国内線とブリティッシュ・エアウェイズのイギリス国内線であった。

７６７はボーイングにとっては初の双発ワイドボディ機で、いわばエアバスのＡ３００の対抗機となる機体だが、Ａ３００に遅れること10年経っての初飛行だったので、Ａ３００と７６７が熾烈な売り込み合戦をしたということはなく、対抗機といった感覚は、少なくとも当時はなかった。

７６７の初飛行は１９８１年、初就航は１９８２年で、ユナイテッド航空の国内線であった。日本でも多くの７６７が導入され、日本航空、全日空の国内線と近距離国際線に導入されたほか、スカイマークエアラインズも当初は７６７を運航していた。そのスカイマークに続いた北海道国際航空も７６７を採用、その後エア・ドゥとなってからも７６７を運航している。

そもそも７６７は設計思想がＡ３００とはかなり異なる。７６７はエコノミークラスの快適性を第一に考えて開発された。世界にナローボディ機しかなかった時代に、いきなり７４７が現れ、DC－10、Ｌ－１０１１トライスター、Ａ３００とワイドボディ機が多く開発され、大勢の乗客が運べるようになったが、その結果、窓側でも通路側でもない座席に座らなければならない確率が増えていた。１人で搭乗し、右も左も他人で長時間フライトというのは窮屈である。

そこで、７６７はエコノミークラスのアブレストを２－３－２の７列にすることから設計がはじまっている。２－３－２ということは窓側でも通路側でもない座席は7席に1席となり、乗客の86％は窓側か通路側に座れる。ＬＣＣ（Low Cost Carrier＝格安航空会社）がなかった当時は、搭乗率86％はかなりの繁忙期に限られていたのだ。７３７や７５７のアブレストは３－３で6列、7列で通路が2列あるということは人口密度がもっとも低い座席配置で、７６７は、たとえ満席でも窮屈感を感じず、乗り心地重視の機体なのだ。

いっぽう、アブレスト２－３－２という寸法を基に胴体が設計されたため、床下の貨物スペースは、Ａ３００のようにＬＤ－３型コンテナを７４７に積むとき同様に2個並べて積むことが

767は通路が2列あるワイドボディ機なのに横7列、満席でも人口密度が低く乗り心地がいい

できず、左右に空間を残したまま横に１個しか積めない。貨物輸送では経済性が低く、通路が２列あるワイドボディ機であるにもかかわらず、貨物業界では「セミワイドボディ機」と呼ばれることもある。

７６７では、基本性能には直接かかわらないものの、旅客機のトイレを進化させた。７４７やＤＣ－10のトイレは循環式といって、トイレ直下にタンクがあり、家庭のトイレとあまり変わらない仕組みであった。それが７６７で初めて現在と同じバキューム式となった。機体内外の気圧差を利用したもので、一瞬機体に穴が開いた状態にして汚物を機体後方１カ所のタンクに集める。これによりトイレ設備は格段に軽量化された。設置も容易になり、定員の多い座席配置ならトイレを多く、定員が少なければトイレも少なくするなども簡単にでき、機体のどの位置にでも設置できるようになったので、機内配置は航空会社の好みでカスタマイズ可能になった。１９８０年代はビジネスクラスが普及しはじめた頃で、各社は個性あるキャビンへと変化し、その陰には、トイレの位置が自由に決められるようになったという要因も関係している。

エアバス機に似た機体はソ連でも開発されていた
――エンジン開発が伴っていなかった――

ワイドボディ機はアメリカの７４７ジャンボ機にはじまり、ダグラス、ロッキードに波及し、対するヨーロッパのエアバスもＡ３００がベストセラーになるという流れなので、欧米での開発競争となる。こういった状況に触発されてか、ソ連でもワイドボディ機が開発されている。当時は東西冷戦真っ只中で、ソ連などがアメリカ製機材を購入することはなく、もしソ連がワイドボディ機を運航したいと思ったとすれば、自国で開発するしかなかった。東側の技術力を誇示する点からも、開発しなければならなかった。

こうして誕生したのが１９７６年初飛行のイリューシンＩＬ－86である。Ａ３００に似ていて、定員も約３００人、ソ連の機体では初めて７４７などに載せている貨物コンテナが収納できる機体となった。しかし、西側の機体と大きく違っているのが、西側の機体がいずれも直径の太い高

大きな機体ながら貧相なエンジン4発というスタイルだったイリューシンIL-86（東ベルリン）

バイパス比の大出力エンジンなのに対し、IL－86には一時代昔の細い形の低バイパス比のエンジンが4つぶら下がっていることである。

60ページで述べた通り、747は大きな機体であったが、それに見合った大きな推力を持ったバイパス比の高いエンジン開発が伴っていたから成功した。その点、IL－86は、大きな機体に見合ったエンジン開発が伴わず、機体だけが大きくなったという代物だった。その結果、旧式のエンジンでは大きな機体と乗客を飛ばすのに精いっぱいとなり、燃料を多く積む余裕はなく、航続距離は双発のA300より短かった。仮にモスクワから成田に飛ぼうとすると、途中2カ所での給油が必要だった。

このようなことから「経済性」では取り柄のない機体となったが、そもそも当時のソ連の場合、ソ連で開発、ソ連で飛ばし、他の共産圏の国にも売るというスタイルなので、西側の「航空機事業として採算が合うかどうか」などとは別次元の開発方法であった。ソ連は産油国だったので、燃費ということもさほど問題ではなかった。性能的には失敗作にも思えるＩＬ－86だが、１００機以上製造され、多くはアエロフロート・ソ連航空で運航され、キューバ、中国でも運航されたほか、ソ連崩壊後は旧ソ連から独立した国でも運航された。

しかし、航続距離が短かったため、多くはソ連国内線や東欧、当時の東ドイツなどへの運航になり、ソ連の航空技術を西側諸国に見せつけるという目的はあまり果たせなかった。こんなＩＬ－86、現在では考えられない空旅を楽しむこともできた。私はＩＬ－86の数少ない国際線であったドイツのフランクフルト便で搭乗した経験があり、この機体は驚くことに、手荷物は自分で持って乗って、自分で床下の貨物室に置くというスタイルだった。飛航中も荷物室に出入りできる。たとえば、機内で「寒いな」と思えば、乗客は床下の荷物室に行き、自分の荷物からセーターを出してくるのである。どこかのどかな空旅だったのを記憶している。

ＩＬ－86の航続距離が短かったことから、機体を短くし、乗客や貨物搭載量を減らし、その分を燃料に充てたのが、１９８8年初飛行のＩＬ－96であった。定員が約２５０席に減ったものの、ＩＬ－86の航続距離が５０００キロ以下だったものが、ＩＬ－96では1万キロ以上へ倍増した。

しかし、エンジン性能は以前とほぼ同じであった。

時代が経過し、東西冷戦終結後は、IL－96にアメリカ製エンジンを装着できるようになり、誕生したのがIL－96Mで、再び機体が長くなり300人を運んで、なおかつ航続距離が1万3000キロほどに伸びた。いかに当時のソ連製エンジンが技術的に遅れていたかがうかがえる。

ジャンボ機でも2人乗務の時代に
――航空機関士の役わりはコンピュータに――

エアバス最初の機体A300を発展させた長距離型A310の登場によって、ワイドボディ機でも航空機関士を廃止して運航乗務員2人がスタンダードになり、その流れは、当時旅客機で世界最大の機体であった747ジャンボ機にも波及した。747は初期型の－100、－100をパワーアップさせた－200、2階席延長型の－300と発展し、ここまでは操縦系統はほぼ同じであった。しかし、1988年に初飛行した747－400は、操縦系統が大幅にコンピュータ化され、運航乗務員2人となった。747－400は、それまでの747と外観こそあまり変化がなかったが、中身はまったく異なる機体となり、パイロットサイドからも、747－400はそれまでの747とは別物といわれ、実際、操縦免許も違っていた。それまでの747が、ア

747-400はノースウエスト航空がいち早く導入した（成田）

ナログ時計のような機器が所狭しと並ぶコクピットだったのに対し、747－400では、グラスコクピットと呼ばれる液晶表示機器で構成されている。路線就航は初飛行の翌年1989年からで、最初に飛ばしたのはアメリカのノースウエスト航空（後にデルタ航空と統合）であった。

747－400就航時は、さすがにA310就航時などと比べ、運航する側にも運航乗務員2人というのは抵抗があったようだ。エコノミークラスだけにすれば500人以上、国際線でも400人は乗れる旅客機をたった2人で操縦するのは不安だというのだ。事実、ニュージーランドや香港の航空会社では、パイロット組合が2人乗務に反対し、予備のパイロットを乗せたほどであった。

しかし、747－400の性能は高く、機長、副操縦士2人で操縦し、国際線で400人以上を乗せ、床下には多くの貨物を搭載しても成田〜ニューヨーク、成田〜ロンドン間などがノンストップ運航となった。それまでは成田〜ニューヨーク間であれば、搭載する貨物量を減らしたり、豪華なビジネスクラスにして定員を少なくしたり、あるいは「リクリアランス方式」といって、フライトプランの一部を機上でやり取りする方法で燃料搭載量を減らしたりして運航していた。

成田からのヨーロッパ便ではアンカレッジ経由、モスクワ経由と変遷し、中には偏西風に対して向かい風となる成田からヨーロッパへ向かう便だけモスクワ経由とし、偏西風に対して追い風となるヨーロッパから成田に向かうときだけノンストップにするなど、さまざまな工夫がなされたが、747-400の登場で、こういった区間も楽にノンストップ運航できるようになった。

747-400は高性能に加えて、世界最大の機体でもあったので、空の王者として君臨し、「747」の部分を省略して「-400」（ダッシュ400）と呼ばれた。日本でも日本航空、全日空ともに導入したほか、中曽根政権時代、日本の貿易黒字解消のシンボル的に政府専用機としても747-400が導入されている。

コラム③

アメリカの規制緩和

旅客機開発過程には航空業界の流れも関連している。航空業界の流れをリードしていたのはやはり航空大国、アメリカの航空会社である。国土が広く、鉄道は貨物輸送にあるもので、アメリカで州を越えて移動する場合などは、交通機関はほぼ航空機に限られていた。アメリカでは、日本などに比べ航空機は格段に大衆的な交通機関であった。

アメリカでは航空事業の自由化も早かった。航空自由化は1976年に議会で可決された航空規制緩和法(デレギュレーション)にはじまる。1981年末までに国内線運航を自由化、1983年以降は運賃も自由化するというものだった。1981年発足のレーガン政権も規制緩和を政策の目玉にし、独占禁止法の運用も緩められ、企業同士の合併も容易になった。

アメリカでは安全基準などを満たせば航空会社設立は容易となり、格安運賃をうたい文句にする航空会社などが多く誕生する。州内を運航していたローカル航空会社が全米に路線展開したり、ローカル航空会社同士が合併して中堅航空会社になったりもした。

これらの動きに対し、当初は傍観姿勢だったアメリカの大手航空会社も、次第に新興航空会社の脅威にさらされる。この時期、アメリカの大手航空会社を発端にさまざまな知恵も生まれる。限られた機材・乗員で最大限輸送効率を高めるためハブ&スポークの運航を行ったり、リピーターを増やすためにマイレージ・プログラムをはじめたり、自社便を優位にするため予約端末(CRS=Computer Reservation System)を旅行会社に売り込んだりする。

いっぽう、707や747ジャンボ機を世界に先駆けて運航させたパンアメリカン航空は倒産に追い込まれる。アメリカは国内線需要が高かったので、大手航空会社はいずれも国内線を多く運航していたが、パンアメリカン航空は世界的な知名度は高かったものの、大手に数えられていなかった。

しかし、国際線航空会社だったパンアメリカン航空に、規制緩和から儲かる国内線進出のチャンスが訪れた。その際、地道に国内線を増やす方法をとらず、すでに国内線を運航している航空会社買収という手法に出たが、それが裏目に出て、経営を悪化させた。パンアメリカン航空はナショナル航空を買収して国内線の充実を図ったが、パンアメリカン航空がボーイング機材中心、ナショナル航空がダグラス機材中心、パンアメリカン航空には一流というプライドの高い乗員が多く、社風も異なるので組合関係もうまくいかなかったのである。

規制緩和によって航空会社の勢力地図も大きく変わったので、アメリカの1980年代は航空戦国時代と呼ばれることがある。しかし、アメリカの航空会社は、この厳しい時代を経ているので、その後強い航空会社だけが生き残る。

同じ頃の日本の国内線には日本航空、全日空、東亜国内航空と3社があり、それぞれが同じ区間の運賃を日本航空1万5000円、全日空1万6000円、東亜国内航空が1万3000円などと当時の運輸省に申請すると、運輸省のほうが「3社とも仲良く1万4500円にしなさい」というふうに決められていて、競争原理など微塵もなかった。航空会社の客室乗務員募集には「容姿端麗」が公然とうたわれていたので、航空会社業界はアメリカと日本ではかなりの差があった。

アメリカ国内の規制緩和が一段落すると、アメリカは航空自由化を国際線にも求め、カナダ、メキシコ、カリブ海諸国を手始めに自由に飛べる範囲を広げる。さらに大西洋路線に自由化を広げようとするが、ヨーロッパ系航空会社の権益もあり、思うようには進まない。そんな背景から生まれたのがアメリカ系航空会社とヨーロッパ系航空会社の包括提携で、ノースウエスト航空とKLMオランダ航空が最初であった。その包括提携を世界的に行ったのがユナイテッド航空やルフトハンザドイツ航空が軸になった「スターアライアンス」などの航空連合に進化していくのである。

航空会社進化におけるアメリカの役わりは小さくなかった。

第4章

「フライ・バイ・ワイヤ」でエアバスが巻き返し

エアバスが初めてアメリカに真っ向勝負で対抗機を開発
――小型機開発はメジャーになるには避けて通れない――

イギリスが開発した世界初のジェット旅客機コメットは空中分解し、イギリスとフランスが共同開発した超音速旅客機コンコルドは燃費の悪さなどから世界に普及することはなかった。ヨーロッパは旅客機開発で2度失敗している。そこで、世界制覇など大きなことを考えず、ヨーロッパ内で運航することを目標に、アメリカとの真っ向勝負も避け、アメリカのメーカーが製造していない、双発ワイドボディ機A300をヨーロッパが力を合わせて開発した結果、3度目の正直で世界に普及し、目標を上回る販売結果となった。これが1980年代前半までのヨーロッパの旅客機開発の流れで、ヨーロッパ製エアバスも数は少ないものの、旅客機のシェアに無視できない存在になってきたのである。

しかし、ここまでにエアバスが製造した機体はA300とA310で、ともに双発ワイドボディ機であり、ラインナップとしては少ない。それに対しアメリカ製ジェット旅客機はボーイングに707、720、727、737、747、757、767、ダグラスにDC－8、DC－9、DC－10、ロッキードにL－1011トライスターと圧倒的に充実した機種が揃えられていた。エアバスが一定の成功を収めたといっても、アメリカ製旅客機の品揃えには到底及ばない。

エアバスの小型機A320もエールフランスが先陣を切って導入する（ニース）

そして、エアバスはここで、世界制覇への足掛かりになる機体を開発する。それが、１９８７年初飛行のＡ３２０である。この機体は約１５０席、国内線や近距離国際線用の機材で、ボーイングの７３７やダグラスのＤＣ－９の対抗機種となる。

世界がもっとも必要としている旅客機は１００～２００席程度の小型機と呼ばれる機材である。国内線から長距離国際線までをまんべんなく運航するメジャーな航空会社が、７４７など大型で長距離を飛ぶ機材を10機保有しているとすると、小型で短距離の７３７は30～50機ほどを保有しているのが常である。長距離国際線用機材は豪華なビジネスクラスなどを備えているので、航空会社の看板機材となり、目立つ存在となる。しかし、国内線や近距離国際線で黙々と運航しているのは７３７などの小型機材で、このクラスの機材がもっとも売れている。

するとエアバスも世界制覇を目指すのであれば、100～200席クラスの小型機開発は避けて通れない道となる。A300開発のときのように、アメリカにないサイズではなく、世界でもっとも売れている737の市場に参入し、小型機のシェアを奪い取るという、積極的姿勢で開発したのがA320である。

エアバスは切り札「フライ・バイ・ワイヤ」のA320開発で世界制覇を狙う
――コクピットから操縦桿がなくなる――

こうしてエアバスは世界でもっとも数が必要とされているジェット旅客機として標準座席数150席、格安航空会社などで、エコノミークラスのみにして座席間隔を狭くすれば180席となる、国内線や近距離国際線用のA320を開発した。1987年に初飛行し、エールフランスが初就航させた。大きさや用途はボーイングの737と重なり、アメリカ製でもっとも売れている旅客機に対抗する機種を開発し、アメリカが独占しているシェアを奪おうという意図を持って開発された。A300のときと違って積極的な対抗意識を持って開発された機体となる。

737より後発なので、当然737より優位な性能を有している必要もある。A320がそれまでのアメリカの機体や、同じエアバスのＡ３００などと異なる部分はその操縦性能にあった。旅客機では初めて操縦系統を全面的にフライ・バイ・ワイヤ（ＦＢＷ＝Fly By Wire）にしたのである。Fly By Wire、直訳すると「電線で飛ぶ」とはどういうことか。たとえば、軽飛行機では操縦桿や足のペダルと昇降舵や方向舵などは直接つながっている。それは自転車のブレーキレバーとブレーキのような関係である。映画で墜落しかかった軽飛行機を、力いっぱい操縦桿を引いて姿勢を立て直すシーンを思い浮かべればいい。このような航空機操作では腕力も必要になる。そしてこれは７４７ジャンボ機でも基本は同じで、操縦桿と昇降舵などは途中に油圧装置を介して間接的につながっている。

それに対し、フライ・バイ・ワイヤの機体は、パイロットの操作は一度電気信号に置き換えられて昇降舵などの補助翼に伝えられる。ＦＢＷ方式にすると機械的なケーブルや滑車類、油圧系統が減るので軽量化されるほか、操縦は大幅にコンピュータに管理させることができる。

Ａ３２０の登場で、それまでの航空機ともっとも変わったことに、操縦席に座った真正面に、いわゆる操縦桿がないことである。サイドスティックというレバーで、まるでコンピュータゲームのように機体を操り、操作するときの力の強弱は、機体の動きと関係ない。サイドスティックは機長席では座席の左側、副操縦士席では座席の右側に配置されている。操縦桿がないことで、

A320のコクピットには操縦桿はなく、横のサイドスティックで機体を操る

パイロットの座席前はすっきりし、書類を置いたり食事をしたりできる引き出し式のテーブルが備えられている。A310開発では、ワイドボディ機では初めてコクピットクルーを2人乗務とし、それまで航空機関士が行っていた役わりをコンピュータ化したが、A320開発で、操縦系統のコンピュータ化がさらに大きく進んだのである。

A320は貨物輸送の面でも737とは異なる特徴がある。A320の機体断面は、エコノミークラスのアブレストが3－3で、737などと同様の断面であるが、寸法の小さなコンテナが収納できる。これによって機体床下の貨物スペースを隙間なく有効に利用できるほか、乗客の手荷物や貨物を効率よく出し入れできるので、折り返し時間を短くすることができ、機体の稼働率が高くできる。737の場合は、コンテナしを積むことができないので、貨物輸送といってもベルトコンベアと人手によって出し入れするしか方法がなく、７３７とＡ３２０で大きく異なる部分である。

Ａ３２０は派生形も多く開発され、Ａ３２０の機体を長くし、標準座席数１８５席としたＡ３２１が１９９３年に初飛行、ルフトハンザドイツ航空によって路線就航する。逆にＡ３２０の機体を短くし、標準座席数１２４席としたＡ３１９も１９９５年に初飛行し、スイス航空によって路線就航する。Ａ３１９はＡ３２０の小型版であるとともに、同じ性能で機体を短くしているので、その分多くの燃料を積むことができ、Ａ３２０の航続距離延長型でもある。Ａ３１９の機体をさらに短くし、標準座席数１０７席としたＡ３１８も２００２年に初飛行し、アメリカのフロンティア航空が路線就航させた。

もちろんこれら派生形もＡ３２０同様にフライ・バイ・ワイヤの機体で、操縦性が統一されている。そしてこれらＡ３１８、Ａ３１９、Ａ３２０、Ａ３２１を総称して「Ａ３２０ファミリー」と呼ぶ。ただし、機体がもっとも短いＡ３１８だけは、床下のコンテナ収納は行っていない。

派生形に関してはＡ３２０同様に７３７にも多く存在する。ただ、Ａ３２０の派生形がＡ３２１、Ａ３１９などと別形式になっているのに対し、７３７の派生形は７３７－１００にはじまり、－２００、－３００、－４００と、７３７の中の異なるタイプという位置付けになっているだけで、実際は７３７にも多くの派生形は存在する。呼び方の差であって意図するところは同じである。

Ａ３２０就航時は、Ａ３００就航時と違って、おもにヨーロッパで多く使われたというような偏りはなく、すでにエアバスの機体が優れたものであることは世界に知れ渡っていた。そのためＡ３２０は、当初からアメリカやアジアでも多くの航空会社が導入した。ただし、この機体は後にベストセラー機となるのだが、当初は日本とはあまり関わりがなく、全日空が少ない数ながら導入するにとどまった。また、同じくＡ３２１を全日空が運航した時期があったが、こちらも全日空がエアバスの大型機発注をキャンセルした代わりに導入したもので、短い期間で運航を終えている。

しかし、その後はスターフライヤーがＡ３２０を導入、さらに、日本でもＬＣＣの多くがＡ３２０を運航するようになったので、日本でもＡ３２０を見る機会は増えている。また、ＡＮＡは２０１６年になって再びＡ３２１を導入している。

Ａ３３０とＡ３４０の登場でフライ・バイ・ワイヤの真価が発揮される
――小型でもワイドボディ機でも同じ操縦性になった――

エアバスでは１９８７年にフライ・バイ・ワイヤのＡ３２０を初飛行させ、Ａ３２０の派生形

A330、A340はA340が先に開発され、ルフトハンザドイツ航空が導入した（フランクフルト）

となるＡ３２１を１９９３年に初飛行させていることは前述した。しかし、初飛行の時期が前後してＡ３２１の初飛行以前に、１９９１年に４発ワイドボディ機Ａ３４０、１９９２年にはＡ３４０と同じ機体で双発としたＡ３３０を初飛行させている。初就航はＡ３４０が１９９３年にルフトハンザドイツ航空によって大西洋路線に、Ａ３３０は１９９４年にフランスの国内線航空会社だったエールアンテール（現在はエールフランスと統合）によってフランス国内線に就航している。

すでにエアバス最初の機体だったＡ３００が初飛行してから20年経っており、Ａ３００の後継機となるのがＡ３３０、さらに4発エンジンで長距離を飛べるＡ３４０を開発したのである。ただし胴体直径といった機体の基礎的な部分はＡ３００と同じであった。

では、それまでのA300やA310に比べて、A330、A340はどこが大きく異なるかというと、A320開発で培われたフライ・バイ・ワイヤの技術による操縦系統にしたので、A320同様に操縦桿はなく、サイドスティックで機体を操る。この時点でエアバス機のA320ファミリー、A330、A340の操縦性は同一となった。

その結果どうなったかというと、A320のパイロットは、A330やA340の操縦免許を容易に取得することができ、A320といった小型機とA330などのワイドボディ機操縦を兼務できるのである。これは航空会社にとって大幅な合理化策となり、エアバスのシェア拡大のきっかけとなった。A320開発の真価は、A320というひとつの機体の開発にとどまるのではなく、旅客機の広範な運航が合理化できるという面にあったのだ。

ボーイングの場合、737と747ジャンボ機では操縦性が異なるので、同じボーイング機であっても免許は別々に取得しなければならない。また、仮に737、747双方の免許を同じパイロットが取得したとしても、機体の大きさの感覚などが異なるので、今日は737の運航、明日は747を運航といったことはできない。大手航空会社では、737運航乗務員の部署、747運航の部署などと分けて設けるのがスタンダードである。

すると、小さな航空会社で、たとえば、小型の７３７を10機運航しているとしよう。その航空会社が高需要路線に７６７を２機だけ導入するというのはかなり効率が悪い。たった２機を運航するために７６７専門のパイロットを養成しなくてはならない。けっきょく、このような事例の場合は、２機の７６７は購入するのではなく、大手航空会社などから乗員ごとリースするというのが一般的となる。

しかし、エアバスではどうであろうか。小型のＡ３２０を10機運航している航空会社が、高需要路線にＡ３３０を２機だけ運航するというのはいとも簡単である。Ａ３３０の場合、専門のパイロットを養成する必要はなく、Ａ３２０のパイロットがＡ３３０のパイロットに移行するのは容易である。

エアバスのＡ３２０ファミリー、Ａ３３０、Ａ３４０の操縦性が統一されたことで、それまで小型の機体しか運航していなかった小さな航空会社でもワイドボディ機運航に道が開けたほか、逆にワイドボディ機を中心に運航していた航空会社が、ちょっとだけローカル線にも進出といったことが容易にできるようになった。

このように、エアバスは操縦系統をフライ・バイ・ワイヤにし、異なる機種の操縦性を統一したことで、航空会社は機体の揃えかたが大きく変わっていったのである。それまでは、あまりさまざまな機種に手を出すより、機材を統一したほうが有利、という基本的な考えかたがあったのだが、エアバスの機材に関しては一概にその法則が当てはまらなくなった。そして、このことが、その後エアバスが大躍進する大きな理由になったのである。

このA330、A340は世界では多くの機体が活躍するものの、日本との関わりは希薄で、ごく短期間ながら、スカイマークがA330を羽田からの国内幹線に運航したにとどまっている。

ボーイングは777の登場で、双発機万能の時代へ
―― 世界最大の双発機が誕生 ――

ボーイングは1994年、767と747-400の中間サイズの機体として、777を初飛行させる。この機体は双発ワイドボディ機、767を一回り大きくしたような機体で、現在でも世界最大の双発機となる。「エンジン双発でもこれだけ大きな機体を飛ばすことができますよ」という旅客機である。初飛行の翌1995年にユナイテッド航空によって路線就航する。日本でも日本航空、全日空がともに国内線・国際線双方に導入したほか、当時あった日本エアシステムも国内線に導入した。日系大手3社が揃って導入するほど日本と関わりの深い機体であるが、それもそのはずで、777開発には、日本も21%という高い割合で開発に参加している。

世界最大の双発機777はユナイテッド航空によって就航した（成田）

基本形ともいえる－200（航続距離を長くした－200ER含む）、機体を長くした－300、航続距離を長くした－200LRワールドライナー、機体が長く航続距離も長くした－300ERがある。

747ジャンボ機が登場した際、多くの航空会社は国際線用として運航し、その定員は400席前後であった。しかし、エコノミークラスのみとし、国内線程度で利用するなら500席以上とすることもできるというのが747の特徴であった。そして実際、全日空の747－400D（747－400の短距離タイプでD=Domestic）はエコノミークラスのみ569席（スーパーシート27席含む）という仕様であった。

ところが、777－200の機体延長型である－300の、やはりANAの国内線用はエコノミークラスのみ514席（プレミアムクラス21席含む）である。2基のエンジンでも500人以上を運ぶことができるようになり、乗客1人当たりの燃費は747に比べてはるかに経済的になった。

747のような2階席はなく、アブレストは3－3－3の9席と747には1席足りないが、短距離用として通路を狭くすれば747と同じ3－4－3席にすることもでき、747と変わらぬ機体を2基のエンジンで飛ばしてしまうのである。大きな機体を支えるエンジンは直径が太く、ナローボディ機の胴体と変わらぬ太さがある。

先に登場したエアバスA320やA330も多分に意識していて、ボーイング機では初めてのフライ・バイ・ワイヤの機体となった。ただし、エアバスのようにサイドスティックで操縦するのではなく、従来機同様に操縦桿がある。従来機同様の感覚で操縦桿を動かすことによって機体を操るのだが、操縦桿から先は従来の機体では油圧などを介していたものが、777では操縦桿の動きを電気信号に変換してケーブルで補助翼などを作動させるモーターなどに伝達される。

フライ・バイ・ワイヤにしたものの、操縦桿を残したのは、747や767などボーイング機のパイロットが777の操縦に移行しやすくするためであるが、反面、777の登場で、ボーイング機とエアバス機の操作性は根本部分で異なるということがますます進んでしまったと考えることもできる（詳細は後述）。

エンジンの信頼性向上でETOPSが大幅に緩和
――双発機ででも大洋を越えられるようになる――

７７７の登場で大きく変わったことに、双発機による長距離洋上飛行が可能になったことが挙げられる。それまで日本と北米を結ぶ間は３発機と４発機しか飛んでいなかった。具体的には４発機の７４７ジャンボ機、３発機のDC－10、MD－11、L－1011トライスターである。北米に限らず日本からハワイへの路線も同様で、双発機は飛んでいなかった。しかし、これは航続性能の関係で双発機では北米やハワイに飛べないということではなかった。７６７の性能であれば、日本からアメリカ東海岸は無理にしても、西海岸やハワイは飛べる距離であった。それではどうして双発機では日本からアメリカへ飛ぶことができなかったのだろうか。

ここで国際民間航空機関、ICAO（International Civil Aviation Organization）の取り決めたETOPS（Extended-range Twin-engine Operational Performance Standards）という双発機に対するルールを説明しなくてはならない。ジェット旅客機には双発、３発、４発とあり、３発機と４発機にはルートの制約はなかった。飛行中、もし１基のエンジンが故障して停止した場合も、３発機には残り２基のエンジンが、４発機には残り３基のエンジンがある。７４７ほどの機体でも、仮に３基のエンジンが停止しても、残り１基のエンジンで飛行を継続できる。１基だけのエンジンで離陸したり、高度を上げたり、スピードを増したりはできないが、4基中1基だけのエンジンでも正常に作動していれば、すぐに墜落ということにはならず、最寄り空港に緊急着陸するだけの力はある。実際には747の4基のエンジン中3基が停止してしまうような事例はほとんどなく、残りの1基のエンジンで事故を免れたという事例も皆無である。

しかし、双発機ではどうだろう。1基のエンジンが停止してしまえば、もう残りは1基のエンジンしか残されていない。そこで、双発機に対しては、長距離洋上飛行が認められていなかったのである。具体的には767の場合、当初はETOPS120分であった。

ETOPS120分というのは、1基のエンジンが故障で停止した場合、残り1基のエンジンでの飛行を120分以内としたものである。実際のルートに当てはめてみると、成田からホノルルへは約7時間半、ホノルルから成田へは約8時間半を要し（偏西風の関係でホノルルから成田のほうが時間を要する）、その間ほとんどが太平洋上でジェット旅客機が着陸できる空港はない。仮に双発機が成田を飛び立って2時間を過ぎたところで1基のエンジンが故障で停止したとすると、2時間以内にホノルルにたどり着くことはできないし、かといって成田に引き返すにも2時間以上かかる。さらに太平洋上なので2時間以内の飛行で着陸できる空港にたどり着くこともできない。したがって、このルートには「双発機は飛ぶことができない」というルールである。

このようなルールがあったため、日本と北米やハワイを結ぶルートには３発機か４発機しか運航されていなかったのである。いっぽう、当時、北欧のスカンジナビア航空は双発の７６７でコペンハーゲン～成田間という長距離ルートを運航していた。なぜなら、コペンハーゲン～成田間はシベリア上空の陸地の上を飛ぶルートとなり、どの地点で1基のエンジンが故障しても、１２０分以内にたどり着ける地点に空港があったからである。そのため、双発機では太平洋、ほとんどの大西洋区間、インド洋などは越えられなかった。

ところが、７７７ではＥＴＯＰＳ１８０分となり、双発機での洋上飛行の規制が大幅に緩和されたのである。これは万が一にもエンジンが停止してしまうことはないという、エンジンの信頼性向上によるもので、実際、洋上でエンジンが停止してしまって事故につながった事例も起きていない。

後にＡ３３０もエンジンの信頼性向上からＥＴＯＰＳ１８０分となり、さらに７７７にはＥＴＯＰＳ２０７分に引き上げられた機体も登場する。「２０７」という中途半端な数字からも想像できるが、実際のルートにルールのほうを合わせた感があり、定期国際線が飛ぶような区間としては、ニュージーランド～北米間でも双発機で飛べるようになった。その後もＥＴＯＰＳの数字は長くなっている。つまりは世界中双発機で飛べない区間は事実上なくなったことを意味している。

それまでの双発機は運航範囲が限られ、国内線、近距離国際線、そして長距離を飛ぶにしても大陸内などの陸地の上のルートを飛ぶものであったため、機体の性能があまり長距離用になっても、実際に運用できる区間が限られていた。そのため双発機には長距離性能を伴うというニーズが低かったのである。ところが、777が世界の航空会社に普及すると、それまでの長距離国際線のスタンダードは変わっていった。短距離か長距離か、あるいは大陸上を飛ぶか洋上を飛ぶかということと、エンジンの数は関連がなくなったのである。

この結果、DC－10、MD－11といった機体が急速に旅客機から姿を消す。これらの機体と777を比べると、同等、もしくは777のほうが大型なのに対し、DC－10、MD－11が3発機、777は双発となり、3発機は経済性で劣ることは確かであった。さらに3発機は構造上どうしても中央のエンジンが高い位置にならざるを得ず、メンテナンスなどに不利な条件であった。

日本発着路線にも大きな影響があった。3発機としてそれまでDC－10、MD－11で運航していた日本航空、アメリカン航空、DC－10を運航していたユナイテッド航空、当時のコンチネンタル航空、MD－11、L－1011を運航していたデルタ航空は、次々に777へと機体を変更していき、日本～アメリカ路線は双発機の時代へと変わる。

双発機での運航にしたことで、1人当たりの輸送に必要なコストは低くなり、この当時は成田

777の普及で太平洋越えなども双発機の時代となった（成田）

〜ロサンゼルス間往復3万円台などという割引航空券も出回るようになった。

ボーイングは双発機におけるエンジンの信頼性を向上させることで、長距離洋上飛行も双発機で飛ぶという時代を築き上げていくが、この時点ではエアバスの考えかたは少し違っていた。エアバスでは、どんなにエンジンの信頼性が増しても、双発より4発のほうが安全であるという考えを捨てておらず、エアバスのワイドボディ機は、胴体は同じながら双発のA330、4発のA340と揃えていた。そして、機種は違いながらも、エアバスのお家芸ともいえる操縦性が統一されていることの合理性をアピールした。ボーイングは双発機にすることで燃費をよくするという考えで、エアバスは異なる機種の操縦性を統一することで、航空会社の機体運用や乗務員運用の合理性を優先していたことになる。

そのため、A330とA340は、エンジンの数が異なるという、それまでの常識であればまったく別の機種となるのだが、製造番号は分けられていないほか、たとえば同じ胴体の長さになるA330－300とA340－300では、エンジンの合計推力はほぼ同じになっていて、4発機は推力が大きいのではなく、双発機と同じ推力を小さめのエンジンに分散している。

はっきりしたエアバスとボーイングの操縦性の違い
――人間優先か機械優先か――

エアバスはA320開発によって培われたフライ・バイ・ワイヤの仕組みを利用することで、生産中の機体の操縦性をすべて統一し、大きさや航続距離の異なる機材を揃えやすくし、航空会社の機材構成を築きやすくした。

いっぽうボーイングは777開発で初めてフライ・バイ・ワイヤを採用したものの、従来方式の操縦桿を残している。エアバスの機材構成が異なる機種であっても統一性が考えられているのに対し、ボーイングでは一機一機が個性を持っていて、統一が図られていない。しかし、用途ごとに最良と思われる機種を開発したことも事実である。つまり、ボーイング機材は、小型なら小型機として最良の機体を、大型なら大型機として最良の機体を開発していった。その結果、ボーイングの機体は「いい機体」であることも確かだった。いっぽうで、エアバスは統一性を重んじたため、最大公約数的な機材構成であるということもできる。

航空会社経営を考えたエアバス、一機一機で最良のものを開発するボーイングといった機体開発姿勢の差が鮮明になったのである。

エアバス機とボーイング機、乗客としてはどちらに乗っても違いは感じないであろうし、旅客機に関心がなければ、同じにしか思えないであろう。しかし、エアバス、ボーイングの機体開発は進化すればするほどに設計思想が違ってくる結果になった。

一般には「ハイテクのエアバス」「人間重視のボーイング」ともいわれる。こう聞くと、最終的には人間が判断するというボーイングのシステムのほうが馴染むことができるし、第一どんな優れた機械が現れたとしても、それを開発したのは所詮人間であり、やはり人間を超えるものなどないというのが一般的な考えであろう。

しかし、こういった考えかたもできる。野球の審判にたとえてみると、技量の高い主審がいて、判定はすべて主審に委ねられる。しかし、どんなに経験を積んだ審判員であっても、人間なのだから「アウトかセーフか」１００％誤審がないとはいえない。そこで、エアバスは、機械でできることは最初から機械に任せようという考えかたなのである。つまり、最初からVTR判定の方法を用いるという考えかたである。

この結果、エアバス機材を導入することで、比較的規模の小さな航空会社や発展途上の航空会社であっても、需要に合わせてナローボディ機、ワイドボディ機、短距離機、長距離機を2～3機ずつ保有することも可能となった。もし、ボーイング機でこのような揃えかたをすると効率が悪くなる。エアバスでは、多くの機材を保有するメジャーな航空会社にしても、需要に合わせてさまざまな大きさの機体を小まめに揃えても効率が悪くならなかった。

エアバスとボーイングの操縦性の違いが、世界的に認知される以前は、この違いを発端にして大事故につながったケースもある。それが1994年、当時の名古屋空港（小牧空港）で起きた中華航空（後にチャイナエアラインと呼ぶ）のA300墜落事故である。滑走路に進入時、高度が適正な高さでなかったため、操縦桿を操作して適正な高度になるよう試みるが、その際、自動操縦モードにしたまま手動で操作しようとする。自動操縦モードを解除しようと試みているものの、自動操縦モードを解除できずに失速して墜落したのである。

当時のエアバス機の仕組みでは、自動操縦モードが優先されていたため、自動操縦モードのまま、パイロットが機首下げの操作を行うと、機械のほうが、機首が下がったとして機首を上げようという操作をしてしまう。自動操縦を解除しないと、パイロットの意図したようには機体は動かず、パイロットが行おうとしたのとは逆の作用を働かせてしまうのである。

事故機の機長は以前ボーイング機を操縦しており、ボーイング機同様、手動で操縦桿を操作すれば自動操縦が解除されると思っていたのではないかという指摘もされている。だとすればエアバスとボーイングの考えかたの差が生んでしまった悲劇ともいえ、264人もの尊い命が失われてしまった。このときは天候も良好、機体にも異常はなかった。航空機事故はひとつの原因ではなかなか起きないとされているが、そういう意味では特異な事故であった。この事故では後に航空会社とエアバスが訴えられて裁判となったが、エアバスの構造的な欠陥までは認められなかった。しかし、事故後エアバスは自動操縦モード解除の一部プログラム変更を行っている。

そして、この事故を契機にして、エアバスとボーイングの操縦性の違いは世界でクローズアップされるようになる。

ボーイングの1機種を700機以上運航する航空会社もある
――同じ機体を3桁単位で運航する米系航空会社はボーイング機材が有利――

同じ用途の機体を多く保有する航空会社にとっては、ボーイング機材は魅力であった。その用

737の1機種に統一、同じ機体を700機以上運航するアメリカのサウスウエスト航空（ヒューストン）

途で最高のものを開発するという精神で開発されているので、性能や特徴を最大限発揮できる。アメリカ国内線は需要が大きく、アメリカの国内線航空会社は他の地域からすると桁外れに同じ機体を多く保有しており、1機種だけで100機以上を運航することも珍しくない。このような航空会社にはボーイング機のほうが向いている。

とりわけ顕著な例としてはアメリカのサウスウエスト航空があり、737を700機以上運航している。1機種を70機運航していたとしてもかなり多い部類に入るのに、700機というのだからアメリカのスケールは大きい。ボーイングにとって最大の顧客の1社であることは間違いない。仮に顧客がサウスウエスト航空1社しかなかったとしても、新たな旅客機を開発しても採算に合う数字である。

しかし、サウスウエスト航空は日本での知名度はそれほど高くない。１９７１年から運航しているアメリカ国内線航空会社で、ＬＣＣなどという言葉のないずっと以前から格安運賃を武器にしていた。当初テキサス州内だけを運航するローカルな航空会社だったが、規制緩和とともに全米で運航するようになる。しかし、国内線だけを運航し、急激なネットワーク拡大も行っていない堅実経営の会社である。近年になってやっとメキシコとカリブ海諸国への近距離国際線を運航するようになったが、一般的にアメリカでは国内線同様視されているカナダへも飛んでいない。にもかかわらず、航空会社が運んだ旅客人数では世界第2位（２０１４年）というのだから、いかにアメリカ国民の多くが利用しているかが分かる。

こんなサウスウエスト航空は、運航開始以来、一度７２７をリース運航した経験があるものの、購入した機材は一貫して７３７で、エアバスはもちろん、ボーイングの他の機材も購入したことがないという、異色の航空会社である。しかし、同社のように国際線を飛ばさず、アメリカ国内だけを格安運賃で輸送するという航空会社にしてみれば、機材を統一することで、７３７の優位性が遺憾なく発揮されている。サウスウエスト航空は、９・11同時多発テロのあった２００１年、大手航空会社が軒並み赤字に転落した年においても、わずかながら利益を計上している。

このようなことから、７３７はエアバス、ボーイング含めて断トツのベストセラー機となっていて、1万3000機以上が売れている機体である。ボーイングでは737以前の機体はすでにかなり前に生産を終えている。747ジャンボ機も貨物用を除いて受注は鈍っていて、間もなく生産を終えるかもしれない。そしてその後の757もすでに生産を終えている。しかし737だけは1967年の初飛行以来、50年にわたって生産し続けられている。それほどに需要の高い機体である。

737は-100にはじまり、-200までが初期の機体、-300、-400、-500が第二世代と進化し、現在生産されているのは737NG（Next Generation）と呼ばれる第三世代の機体で、-700、-700ER、-800、-900、-900ERである（-600は第三世代の機体であるが、売れ行き不振から生産を終了）。さらに今後の生産は737MAXと呼ぶ第四世代に移行する予定で、2016年1月にはこの機体が初飛行しており、前述のサウスウエスト航空はすでに150機もの発注を行っている。

今後も737を超えるベストセラー機は現れないであろう息の長い機体である。50年以上にわたって生産されている機体ゆえの外観上の特徴もある。-100、-200では低バイパス比のターボファンエンジンであったが、-300以降の機体では高バイパス比のターボファンエンジンを採用、エンジン直径が太くなり、機体の基本設計は変わっていないので、太いエンジンをそのまま主翼にぶら下げると地面を擦ってしまう。そこで－300以降のエンジンを正面から見ると、下面が削られた形をしていて、円形ではない。さらに、737MAXでは、燃費のよいエンジンにするためにエンジン直径が大きくなったため、前輪をかさ上げする改良が加えられた。

マクドネル・ダグラスはボーイングと統合
——生き残りのためには統合は避けられなかった——

年代が前後してしまうが、ボーイングのライバルであったダグラスはジェット旅客機として4発ナローボディ機DC－8、双発ナローボディ機DC－9、3発ワイドボディ機DC－10を開発してきた。DC－10の初飛行は1970年であった。しかし、DC－10が初飛行する3年前の1967年にマクドネルと統合してマクドネル・ダグラスとなっている。DC－10は開発当初はダグラス単独だったため「DC」という称号となった。マクドネルはそれまでおもに軍用機開発に携わってきた。

マクドネル・ダグラスとなってから開発がスタートした機体は、称号がDCではなくMDに改められた。DC－8はすでに生産を終了し、DC－9は、派生形のDC－9－80まで登場していて、この機体はMD－80シリーズとなり、MD－81、MD－82、MD－83となる。つまりDC

MD-11はフィンエアーによって路線就航する（ヘルシンキ）

－9－80とMD－80シリーズは同じ機体で、外観上の差はない。納入時期によってDC－9－80であったり、MD－80シリーズとなったりした。その後、MD－87、MD－88、MD－90が登場する。機体の外観はほとんど同じなのに、型式が異なるという状況になった。そして、DC－10の後継機はMD－11となった。MD－11の初飛行は1990年でその年にフィンエアーによって路線就航している。日本でも日本航空が導入するが、777の導入が本格化すると同時に、早期に一線を退き、アメリカに売却されて貨物機に改造された。

こうしてプロペラ機時代からの旅客機開発の名門だったダグラスはマクドネル・ダグラスとしてボーイングとライバル関係を続けるのだが、次第に受注が減り精彩を欠くことになる。旅客機シェアではエアバスに抜かれ、ボーイングの７７７という大型で長距離を飛べる双発機が現れたことで、３発機であるMD－11の必要性も急激に失われてきたのである。

エアバス機の台頭で、世界の旅客機市場はエアバスに奪われていた。それまで、世界の旅客機、少なくとも西側諸国の旅客機は大半がアメリカ製であったのに、１９９４年にはボーイングとエアバスの受注数が拮抗してしまう。世界の旅客機需要の半分近くをエアバスが占め、その残りをボーイングとマクドネル・ダグラスで奪い合うという状況であった。これでは早晩エアバスに旅客機開発で世界トップの座を奪われてしまうという危機感がアメリカにはあった。

ちなみに、ロッキードが開発した3発ワイドボディ機L－１０１１トライスターは、２５０機を生産した時点で、早々と１９８４年に生産を終了している。２５０機の生産ではおそらく赤字機種になったことであろう。ロッキードは多くの軍用機を開発しているので、L－１０１１トライスターは自動操縦装置が優れていたにもかかわらず、開発したジェット旅客機はこの１機種のみに終わり、以後、民間機開発を行わなくなった。

ロッキードも１９９５年にマーティン・マリエッタと統合していて、現在はロッキード・マーティンとなっている。マーティン・マリエッタは、以前にマーティンとアメリカン・マリエッタが統合してできた企業で、アメリカでは生き残りのために企業の統合が繰り返されてきた歴史を感じる。

このような背景があり、1997年、遂にマクドネル・ダグラスはボーイングと統合されることになり、「名門」と呼ばれたダグラスの歴史にピリオドが打たれる。MD－11は受注を受けていたもののみ生産が引き継がれ、2000年に最終号機がルフトハンザ・カーゴに納入されて生産を終了した。これによって3発旅客機の開発に幕が下ろされた。

その後、3発機は、前述した通り、同じサイズを双発で運航でき、双発機のETOPSも大幅に緩和されたことから、急速に3発機の旅客機での需要が減り、次々に貨物機に改造された。

ボーイングとマクドネル・ダグラスは統合といっても、マクドネル・ダグラス機は注文を受けていたものの生産を引き継ぐというだけで、新たな受注はせず、ほとんどの機体が生産終了となった。ただ1機種のみ開発が引き継がれたのが、MD－95という小型双発機であった。この機体は多くの注文を受けていたことと、ボーイングの機体と競合しない大きさだったためボーイング機として生産されることになり、MD－95ではなく717として、統合の翌年1998年に初飛行している。路線就航は翌1999年で、アメリカのフロリダ州オーランドを拠点にする格安航空会社だったエアトラン航空（後にサウスウエスト航空と統合）によってアメリカ国内線に初就航している。

ボーイングは機体開発の過程で707の次となる717は707の軍用バージョンとする予定で、717を空けておき、中距離3発機の727の開発となるが、けっきょく軍用バージョンはまったく別の形式となったため、717は欠番になっていた。その欠番の称号を当てはめたのである。そのため開発順序が数字順になっておらず、ボーイング機は767→777→717→787の順に開発されている。しかし、その717も2006年に生産を終了し、これで旅客機開発の名門と呼ばれたダグラスの血筋を引く機体は完全に生産を終了した。717は日本での運航実績はないほか、短距離用で、日本近隣の国でも採用されなかったため、日本とは縁のない機体となった。多くがアメリカの国内線で運航された。

ボーイングとマクドネル・ダグラス統合でさらにエアバスの勢いが増してしまう
――ダグラス派だった航空会社がエアバスに鞍替えした――

アメリカではかつてライバルだったボーイングとマクドネル・ダグラスを統合し、いわばアメリカの旅客機メーカーがひとつになってヨーロッパのエアバスに対抗するという態勢がとられたのだが、結果的には、この統合はエアバスの勢力を増大させてしまう。

旅客機創成時代からの流れをみると、長距離用機材としてボーイングが707を、ダグラスが

ダグラス派だったスイス航空もその後777を導入したが、一時期は全面的にエアバス機材となった（アムステルダム）

DC－8を、短距離用機材としてダグラスがDC－9を、ボーイングが737を、ワイドボディ機としてボーイングが747ジャンボ機を、ダグラスがDC－10を、というふうに、ボーイングとダグラスは競うようにして旅客機を開発してきた。そのため、自然と世界の主要航空会社にはボーイング派とダグラス派の航空会社があった。

当然、ダグラス派だった航空会社は新たな後継機選びを検討しなければならなくなるが、ボーイングとマクドネル・ダグラスが統合といっても、旧マクドネル・ダグラスの機体製造が引き継がれたわけではなく、MD－95を除いては生産中止となったので、後継機選びはゼロからの選択となり、その際、同じアメリカのボーイングではなく、エアバスを選択する航空会社が圧倒的に多かったのである。

具体的には、やはりヨーロッパに多く、当時のスイス航空、オーストリア航空、アリタリア航空、スカンジナビア航空、フィンエアー、イベリア・スペイン航空などで、以前からボーイングではなくダグラス、そしてマクドネル・ダグラス機材の多い航空会社であったが、これらの航空会社はマクドネル・ダグラス機材の後継にエアバスを選択する。とくにヨーロッパ内を運航するＭＤ－80シリーズの後継はＡ３２０ファミリーばかりであった。

そのため、マクドネル・ダグラスとボーイング統合以降は、エアバスは勢力を強めるのである。

エアバス発足直後にイギリスは国としての参加を見送ったものの、エアバスが好調になった１９７８年、イギリスは「やっぱりエアバスに参加させてくれ」ということになり、フランスは渋々了承したことは96ページで紹介したが、イギリスはその後、罪滅ぼしと考えたのか、ブリティッシュ・エアウェイズがボーイングの７３７の後継に大量のＡ３２０ファミリーを購入したので、ヨーロッパの主要航空会社の多くはエアバス中心の機材構成になった。

フィンエアーのように、ＭＤ－11を世界に先駆けて運航するほどダグラス派だった航空会社も、その後は保有機を１００％エアバスにしてしまう。ダグラス派だった主要航空会社で、ボーイング機を後継に選んだのは、ＫＬＭオランダ航空くらいであった。

このようなことからボーイングとマクドネル・ダグラスが統合して2年後の１９９９年、遂に旅客機の年間受注数がボーイング355機、エアバス476機となり、エアバスがボーイングを上回るのである。その後はボーイングとエアバスが抜きつ抜かれつで拮抗している。

そんななか、当時「世界の主要航空会社の中で一度もエアバスを買ったことがない航空会社」といわれたのが日本航空であった。日本は日本航空に限らずアメリカ製機材に偏っていた。当時の全日空も少量ながらA320を運航していたが、ワイドボディ機の採用はなかった。一度長距離国際線用にA340の導入が検討されたが、キャンセルとなり、代わりにA321を運航したものの、短期間で退役する。当時あった日本エアシステムが東亜国内航空時代からA300を運航していて、長くA300を導入し続けたが、後継機のA330導入予定や、A320ファミリーを導入する気配はなかった。現在でこそ、日本では新興航空会社やLCCがA320を多く運航する国となったが、当時の日本の旅客機はボーイング一色であったのだ。おそらくエアバスからすれば、日本のこういった状況は不満に思っていたようで、「日本はエアバスを食わず嫌い」ともいわれた。

というのも、この頃になるとエアバスはアメリカの航空会社にも深く浸透していた。アメリカを代表する航空会社だったユナイテッド航空はA320ファミリーを大量に導入、国内線ほか近隣の国際線でも運航していた。ノースウエスト航空（デルタ航空の前身の1社）などは、国内線用のナローボディ機にはアメリカ製機材を採用せず、全面的にエアバスA320ファミリーへと切り替え、その後ワイドボディ機A330も導入し、日本へもエアバスで乗り入れるようになった。USエアウェイズ（アメリカン航空の前身の1社）もアメリカではエアバス派の航空会社で、A320ファミリーを多く国内線で運航したほか、大西洋線の国際線看板機材までがA330で運航していて、異色のアメリカ系航空会社であった。

こうみてみると、この時期、エアバスが業績を伸ばしたのは、ヨーロッパやアジアの航空会社がこぞってエアバスを導入しただけではなく、ボーイングのお膝元であるアメリカでもエアバスは確実にシェアを伸ばしていったことにある。こういう状況をみると、確かに日本は「食わず嫌い」といわれても仕方のない状況であった。

いっぽうボーイングはかなりの危機感を抱いていたのも確かで、顧客確保に躍起であった。世界の主要航空会社でエアバスの発注が高まる中、こんなことがあった。台湾のチャイナエアラインはボーイング機中心の航空会社であったが、エアバスのワイドボディ機A330を発注、慌てたボーイング幹部が台湾を訪れ、今後ボーイング機も導入するという約束を取り付けるといったことがあり、そのときにチャイナエアラインの747の1機にボーイング塗装が施され、現在も運航している。このデザイン機はその約束の証しだったともいわれているくらいである。

3発機の多くは貨物専用機へ改造され、やがて引退へ

――重い機体を離陸させるためには3発機は重宝された――

世界の旅客機需要がボーイングVSエアバスという構図が強くなると、急速に旧マクドネル・ダグラス機の活躍場所は狭められていく。とくにDC－10、MD－11といった3発機は不経済な上、いわば将来性のなくなった機体となったので、急速に貨物機へと改造されていく。「早めに貨物航空会社に売却しないと、そのうち貨物機としての価値もなくなる」という懸念もあった。「高く売れるうちに売ろう」という考えが働き、3発機の貨物機への改造は加速した。日本航空でも3発機としてDC－10とMD－11を運航していたが、新しいほうのMD－11が先にアメリカの貨物航空会社、UPS航空へ売却された。

3発旅客機の多くを購入したのはアメリカの貨物航空会社で、なかでも物流大手のインテグレーター（Integrator）であるフェデックスの航空部門フェデックス・エクスプレスと、ユナイテッド・パーセル・サービスの航空部門UPS航空は多くの貨物機を必要としていたので、この2社に売却された機体が多かった。

しかし、旅客機として3発機では不経済とされた機体が、なぜ貨物機なら不経済にならないのであろうか。一般に旅客機と貨物機では貨物機のほうがずっと重い。これは容易に想像できる

日本航空のMD-11はアメリカの貨物航空会社UPS航空に売却された（成田）

と思うが、旅客機でも貨物機でも床下はほぼ貨物が詰まっているので重さはほぼ同じである。ところが床上の部分は旅客機の場合、乗客がいるものの多くの空間は空いている。それに対して貨物機では床上の部分も貨物がぎっしり詰まっているのでかなり重く、その重さは人間（乗客）の比ではない。

機体には最大離陸重量があり、同じ機種であれば旅客機でも貨物機でもその重量は同じである。旅客機が満席だったとして燃料を1万キロ飛行するだけ積めるとすれば、貨物機に貨物を満載した場合、燃料は5000キロ分しか積めなくなるなど、貨物機は一般に航続距離が短くなってしまう。最大離陸重量は何で決まるかというと、エンジンの総出力で、いかに重い機体を上空に浮かび上がらせることができるかがポイントとなる。

すると3発機、4発機は、双発機に比べて不経済ではあるものの、重い機体を持ち上げるという性能は勝っており、貨物機向きだったのである。上空を水平飛行時は双発で充分な推力が得られるとしても、限られた滑走路の長さで、重い機体を持ち上げるという点では3発機は有利である。

現代でこそ航空機の性能が高くなり、日本からアメリカ本土まで直行できる貨物専用機が登場しているが、日本からの旅客便がアメリカでもヨーロッパでも直行便となってからも、貨物便はアラスカのアンカレッジやフェアバンクスを経由する便が多かった。これは、貨物を満載すると、アメリカ本土やヨーロッパまで飛べるだけの燃料を積む余裕がないからである。逆にいえば、貨物便に日本からアメリカやヨーロッパまで直行できるだけの燃料を積むと、搭載できる貨物の量が減ってしまい、不経済なのである。

航空貨物は船便に比べて格段に運賃が高くつくものの、格段に速いというのがメリットであるが、かといって旅客便のように数時間の差で敬遠されるものではない。貨物機は、旅客機の派生形ではあるものの、旅客機とは目指すところに若干の差異がある。

しかし、近年では貨物専用機でも双発化の傾向があり、エンジン性能の向上により、双発であっても重い貨物を満載し、多くの燃料を積んで長距離を飛べる777-200FやA330-

200Fといった機体が3発機を貨物機からも引退させている。

それでも旧ソ連の貨物機のほうが大きいのはなぜ?
——旧ソ連の貨物機は民間機というより軍用機であった——

旅客機開発競争がボーイングとエアバスといった構図が鮮明になっていく頃、世界情勢はというと、1991年にソ連が崩壊し、これも旅客機分野にも影響する大きな出来事であった。それまでの旅客機は、ボーイングやエアバス機を購入するといっても、それは西側諸国に限られていたが、ソ連崩壊でロシアや旧ソ連だった国々、また、それまで旧ソ連製旅客機を購入するしかなかった共産圏の国々の航空会社も、今度はボーイングやエアバスといった西側機材を購入するようになったからだ。

ソ連崩壊で、世界の旅客機勢力はますますボーイングVSエアバスの構図が全世界に広がるのである。旧ソ連や東欧諸国の航空会社の機材が西側化されるのは意外なまでに早かった。これらの国々では、さまざまな分野において西側化は早かったといえ、社会主義時代の遺物に早く決別したいという想いの表れのようである。

いっぽう、繰り返しになるが、同じ頃、大型機や長距離機への双発機の進出が著しく、3発大型機が次々に貨物機に改造され、それらはロシアや旧ソ連の国々にも波及した。しかし、現在でもそうなのだが、世界でもっとも重いものや、世界でもっとも大きいものを運べる貨物機は、意外にもボーイング製でもエアバス製でもなく、旧ソ連圏にある。

たとえば、アントノフのＡｎ－１２４ルスラーンは、１５０トンもの貨物を運ぶことができる。一般的には７４７ジャンボ機の貨物専用機で運べるのが１２０トンほど（運航する距離によるが）なので、ジャンボ機よりも重いものを運べるほか、大きいものを運べて、なおかつ出し入れが容易である。機体前後にドアがあり、前部から入れた貨物を後部から出すといったことができる。機体を通り抜けられる構造になっているのだ。

さらに巨大な輸送機としたのが、同じくアントノフのＡｎ－２２５ムリーヤである。最大離陸重量は実に６００トン、機体重量が１７５トンなので、仮に１００トンの燃料を積んだとしても、３００トン以上のものを運べる計算になり、７４７貨物専用機の2倍の貨物搭載能力を持つ。これだけの重さを離陸させるために、片側3発ずつ6発のエンジンを持っている。この機体は現在のところ1機のみの生産だが、世界最大の貨物輸送機である。

アントノフは旧ソ連時代は「ソ連製」で間違いないが、ソ連崩壊後、ウクライナが独立、アントノフはこの地域で開発されていたため、ロシア製ではなくウクライナ製となった。

これらの機体はチャーター運航し、意外にも日本への飛来回数は多い。Ａｎ－１２４は、パキスタンでの大雨による洪水時に自衛隊のヘリコプターを輸送、東日本大震災のときは、福島の原子力発電所への注水のためのポンプ車をドイツから空輸している。変わったところでは広島電鉄のドイツ製路面電車を購入時、マイケル・ジャクソンのコンサートの舞台道具一式、ボジョレーヌーボーのワイン輸送などで飛来している。たった１機しかないＡｎ－２２５も、中米のハイチで起こった大地震の際、日本政府のチャーターで支援物資輸送を行った。現在では世界最大の輸送機として、製造国であるウクライナの自慢となっている。

西側の貨物機と旧ソ連製貨物機には大きな違いがある。ボーイングやエアバスの貨物機は、旅客機として開発された機体の貨物機バージョンであり、貨物機として開発されたわけではない。貨物機であっても旅客機と同じ位置に床があり、貨物室は床下と床上に分かれている。旅客機は床上が客室、床下が貨物室になるが、貨物機では床上も貨物室になっていると考えればいい。旅客機は基本的に低翼なので床下の貨物室は主翼を境に前後に分かれている。機体中央部の床下は主翼が横断し燃料タンクになっているほか、機種によっては車輪が収容される。

いっぽう、旧ソ連製の貨物機は、「貨物機」というより軍民兼用の「輸送機」であり、軍用機の一部として開発されていて、同じ機体の旅客機バージョンはない。ボーイングやエアバスの貨物機にある床はなく、床下床上といった概念がない。主翼も高翼、車輪は車輪ポッドという専用の収納部分に収納されるので、機体内部に出っ張りがなく、大きなものをそのまま収容できるのである。軍用としても考えられているので、戦車などをそのまま機体に入れることができる。

運用方法もまったく違い、ボーイングやエアバスの貨物機は、貨物をコンテナに収納するかパレットという台に載せ、カーゴローダーと呼ばれる、貨物機に貨物を出し入れする車両が必要で、これら貨物機は空港側に受け入れ設備が必要である。

それに対し、旧ソ連製の軍民兼用輸送機では、機体前後のドアに走路があり、フォークリフトなどが直接機内に入ることができるほか、機体にクレーンも設備されている。軍用機なので、地上側の支援がなくても貨物の出し入れができる設備を持っている。

このため、ボーイングやエアバスの貨物機と、旧ソ連圏の輸送機は別物で、後者は特大なものを運ぶときにチャーターされ、定期貨物便などには使われていない。

もともと開発された経緯が、Ａｎ－１２４の場合は東西冷戦真っ只中で、中距離ミサイルを発射台ごと運ぶという思惑があった。Ａｎ－２２５は、ソ連版のスペースシャトル「ブラン」の輸送用に開発され、大きな空間を持つ貨物室は使わず、背中にスペースシャトルをおんぶするように運び、スペースシャトル輸送兼超大型輸送機といった機体であった。しかし、この機体の初飛行が1988年なのに対し、ソ連崩壊が1991年で、ソ連崩壊とともに旧ソ連の宇宙開発計画も白紙に戻り、実際に「ブラン」輸送にあたったのは1回だけであった。

An－225は社会主義体制だった旧ソ連ならではといえ、同じ時期、西側では旅客機は双発が主役となっており、3発機はほとんどが姿を消し、4発機は限られた大型旅客機のみに残るという時代に、重量物輸送用にエンジンを6発にするという、力でねじ伏せるような機体が開発されたことに冷戦時代と社会主義体制を感じる。

アメリカにもスペースシャトル輸送機はあるが、専用機を開発したのではなく、747を改造してつくられている。しかもその機体は新造機ではなく旅客機の中古を2機NASAが買い取って改造された。うち1機は日本航空が国内線用に導入した747SRであった。宇宙開発も採算性が重んじられた西側らしい話である。

旧ソ連で開発された貨物機は、軍民兼用の輸送機であることは前述通りだが、民間機と軍用機では機体開発の基本部分が異なる。民間機の目指すところが「安定した飛行」だとすると、軍用機の目指すところは「運動性」で、これは相反する性能になる。民間機では、仮にパイロットが操縦桿に急激な力を加えても、機体は緩やかに高度を上げ下げし、緩やかな旋回にならねばならない。それに対し、軍用機では急な高度変更や急旋回にも耐えねばならない。

こういった民間機と軍用機の違いが機体外観にも表れ、民間機は低翼、軍用機は高翼になることが多く、軍用機はT字尾翼になることが多い。民間機でも高翼の例はあり、イギリスのブリティッシュ・エアロスペースが開発したBAe146は、小さな機体に高翼の4発機で、この機体は市街地の空港に離発着する際、騒音を減らすために急上昇、急下降することを考えたためのスタイルである。プロペラ機に高翼の機体が多いのは、短い滑走路での離発着が考えられており、運動性をよくするためには高翼にT字尾翼スタイルが有利なのである。

抜きつ抜かれつだった航続距離競争
——主要区間で直行できない路線はほとんどなくなっている——

世界の旅客機市場において、ボーイングとエアバスの競合が激しくなると、燃費のよさ、機体の大きさ、エンジンの静粛性などが以前にも増して競われるいっぽうで、長距離性能も旅客機のセールスポイントのひとつとなった。長距離性能とは、いかに多くの燃料を積み、重い機体を離陸させられるかということになるので、航続距離の長い機体＝エンジンの推力が大きい機体となり、航続距離を長くするには推力の大きいエンジンの開発が必須であった。

もちろん、同じ機体でも、ペイロードを少なくすれば、その分燃料を多く積めるので、長距離を飛べることになるが、経済性が低くなる。ペイロード（Payload）とは、その名の通りPay（有償）のLoad（荷重）なので、機体に載せられる乗客と貨物の合計の重さのことで、それを載せることによって運賃が発生する重さのことである。

このようなことから、さまざまな長距離用の機体が開発された。たとえば、1988年に初飛行したボーイングの747－400の航続距離は1万3450キロで、この機体の登場で成田からロンドン（6214マイル＝9998キロ）でも、成田からワシントン（6762マイル＝1万880キロ）でも無理なく飛行できるようになった。海外ではもっと長い距離を運航しており、カンタス航空はシドニー～ロサンゼルス間（7495マイル＝1万2059キロ）の直行便を747－400で運航し、さらにメルボルン～ロサンゼルス間（7944マイル＝1万2782キロ）も直行便となった。

しかし、性能的には1万3450キロを飛べる機体であっても、実際に航空会社の定期便として運航する場合は、その距離を飛べるわけではない。追い風の場合もあれば向かい風の場合もあるし、目的地の空港が天候などの状況によって着陸できない場合も想定し、代替空港までの燃料も積まねばならず、予備の燃料も積んでおかなければならない。すると、機体の航続距離には1000キロ以上の余裕がありそうなメルボルン～ロサンゼルス間でも、積める貨物の量などを減らして運航していた。

そこでボーイングは2002年、747－400の航続距離を1万4200キロとした747－400ERを初飛行させ、カンタス航空が6機購入し、メルボルン～ロサンゼルス間を無理なく直行することが可能になった。しかし、この747－400ERの旅客型を購入したのはカンタス航空のみで、たった6機の生産に終わった。需要がたった6機でも、派生形を開発するというのは、少ない需要でも「塵も積もれば山となる」という姿勢でなければ、旅客機開発競争で生き残れないというご時世の表れでもあった。

2002年にはエアバスもA340－200、－300を発展させたA340－500を登場させており、航続距離は1万6060キロとなり、エミレーツ航空が就航させ、ドバイ～中部国際空港間などに運航された。この機体は777－200LRが登場するまでは世界でもっとも航続距離の長い機体となり、シンガポール航空はこの機体の標準座席配置2－4－2のアブレストを1列少なくし、2－3－2のゆったり配置にした上で、シンガポール～ニューアーク間（9871マイル＝1万5882キロ）を直行便で運航した。もちろん世界最長距離路線であった。

かと思えば、2003年、ボーイングは777－300の航続距離を伸ばした777－300ERを初飛行させ、航続距離は1万4500キロとなり、双発機でもっとも航続距離の長い機体

1万7600キロの航続性能を持つ777-200LRワールドライナー（成田）

となった。日本航空が初就航させ、成田～ニューヨーク、成田～ロンドン間などを双発機で無理なく、しかも多くの乗客や貨物を載せて直行できるようになった。

そして、2005年、ボーイングは777－200の航続距離を1万7600キロとした777－200LR（Long Range）ワールドライナーを初飛行させた。1万7600キロの航続距離があれば、世界の主要都市間で直行便需要がある区間はほとんどカバーできる。パキスタン国際航空が初就航させ、カラチ～シカゴ間などに投入された。日本発着ではその当時、最長距離路線となる成田～アトランタ間（6863マイル＝1万1026キロ）にこの機体が使われていて、デルタ航空が運航していたが、その後、日本発着最長路線は成田～メキシコシティ間（7003マイル＝

1万1268キロ）となり、こちらが、その後に登場した787によって運航されている。

それでは、今後も旅客機の航続距離はどんどん伸びていくのかというと、クエスチョンの部分もある。日本発着でいえば、すでに日本からの国際旅客便で、距離が遠いために途中どこかに寄港している便はない。仮にこのまま旅客機の航続距離が伸びれば、東京～サンパウロ間でも直行便は可能になるだろう。しかし、この間を20時間以上かけて直行しようという需要があるかどうかは疑問であるし、エコノミークラス症候群の心配もある。第一、乗務員も交代の人数を増やさなければならないほか、機内食も何食も積まなければならない。技術的には可能であっても、航空会社の採算性という面からは難しいであろう。

日本発着ではすでに多くの需要がある区間はすべて直行便化されたが、世界を探せば、多くの需要があるのに直行便がなく、寄港便に頼っている区間がある。それが、イギリスとオーストラリアの間である。オーストラリアはイギリスが開拓した歴史があるので人の往来が多いほか、イギリスとオーストラリアでは季節が逆になるので、イギリスから避寒に訪れる需要は多い。しかし、ロンドン～シドニー間でいえば、その距離は1万560マイル（1万6991キロ）あり、直行便はない。

この間を運航するブリティッシュ・エアウェイズはシンガポール経由、カンタス航空はドバイ経由であり、どのようなルートをたどったとしても、途中最低1カ所は経由しなければならない。シドニーからロンドンへは翌日着となり、さらに、ロンドンからシドニーへ向かうと、時差の関係もあって翌々日にしか到着できない長丁場となる。この間は俗に「カンガルー・ルート」と呼ばれ、カンガルーの意味は当然オーストラリア行きだからであるが、必ず経由地があるため、カンガルーがぴょんと飛ぶことに掛けられている。

ロンドン～シドニー間はまさに地球の裏側同士を結ぶ便であり、そのことは、やはり多くの需要がありながら直行できないロンドン～オークランド（ニュージーランド）間の便からも感じる。この間を運航するニュージーランド航空の経由地はロサンゼルスとなる。つまり、オーストラリアとニュージーランドはともにオセアニアに属し、同じ地域にあるが、ロンドンからシドニーだと日本から見て西の地域を回ったほうが近く、ロンドンからオークランドだと日本から見て東の地域を回ったほうが近くなるわけで、いかにロンドンとこの地域が地球の裏側同士であるかが理解できる。

ということは、逆に考えると、地球の裏側同士などを除くと、現代の旅客機はほとんどの区間を直行できてしまうということでもある。

エアバスはコンソーシアムから株式会社へ
――欧米メーカーは生き残りのため統合を繰り返している――

アメリカ製が世界の旅客機需要を独占してきた過去があり、そこにエアバスが力をつけ、1990年代にはボーイングとエアバスが拮抗し、アメリカの旅客機メーカーは実質ボーイングだけとなる。

かつてボーイングのライバルだったダグラスはマクドネルと統合したものの、けっきょくボーイングと統合された。ロッキードはマーティン・マリエッタと統合してロッキード・マーティンとなったものの、民間機開発からは撤退する。旅客機黎明期にジェット旅客機を開発した過去があったコンベアは、早くにジェネラル・ダイナミクスという総合企業に買収され、その後旅客機開発は行っていない。アメリカは旅客機開発で世界をリードしてきた国であり、国内だけでも旅客機需要が多い国だが、民間機開発メーカーは1社しか生き残れなかった。

いっぽうエアバスも複雑な変遷を遂げている。当初のエアバスは、アメリカのボーイングやダグラスとは根本的に仕組みが違っていた。以前からエアバスというメーカーがあったわけではない。エアバスはフランスのアエロスパシアル、ドイツ連合、イギリスのホーカー・シドレー、スペインのCASAが共同出資してエアバス・インダストリーを設立、当初のエアバス・インダス

古典的なジェット機であるSE210カラベルはシュド・エスト製で、エアバスのルーツの1社でもある（パリ）

トリーはコンソーシアム（共同事業体）で、エアバス・インダストリーは出資する4社のまとめ役に過ぎなかった。

しかし、2001年にエアバスは法人化され、EADS（European Aeronautic Defence and Space）の子会社になる。EADSは2001年にフランスのアエロスパシアル、ドイツのDASA、スペインのCASAの3社が統合してできている。さらに2014年にはEADSはエアバス・グループとなった。グループ内には、民間機開発のエアバス、おもに軍用機開発のエアバス・ディフェンス・アンド・スペース、そしてエアバス・ヘリコプターズがある。

フランスのアエロスパシアルはかつてイギリスのBAC（British Aircraft Corporation）とともにコ

ンコルドを開発したフランスを代表する航空機メーカーで、エアバス開発にも大きく関わっているほか、イタリアのアレーニアとともにATRというプロペラ機も開発している。フランスが開発したジェット旅客機にカラベルがあり、カラベルもアエロスパシアルの前身のうちの1社であるシュド・エストが開発している。シュド・エスト（南・東の意）はシュド・アビアシオンとなり、ほかにノール（北）・アビアシオンもあったので、統合してアエロスパシアルになった。

フランスにはダッソーという航空機メーカーもあり、戦闘機ミラージュやビジネスジェットのファルコン開発で知られ、メルキュールというジェット旅客機を開発した過去も持つ。

ドイツのDASA（Daimler Chrysler Aerospace）というと、ドイツのダイムラー・ベンツとアメリカのクライスラーが統合していて自動車メーカーの印象があるが、メッサーシュミット・ベルコウ・ブロウムがダイムラー・クライスラーに買収されて航空事業部門になった。メッサーシュミットといえばドイツ空軍の戦闘機として耳にしたこともあるだろう。スペインのCASA（Construcciones Aeronáuticas SA）はおもに軍用機を開発していたメーカーである。

これらフランス、ドイツ、スペインの航空機メーカーが合併したEADSの子会社としてエアバスがあったが、EADSがエアバス・グループと社名を改名し、少し分かりやすくなった感があり、グループ傘下に民間機部門、軍用機部門、ヘリコプター部門がある。「エアバス」の名称は世界で知られているが、戦前から航空機産業に携わってきた老舗メーカーがエアバスを開発したことになる。

次に、さまざまなメーカーがあって、分かりにくいのがイギリスのメーカーだ。人類初のジェット旅客機コメットを開発したデ・ハビランドはコメットの失敗で業績不振になりホーカー・シドレーに買収される。ホーカー・シドレーはHS748というプロペラ機やHS121トライデントという3発ジェット旅客機などを開発した。ビッカースというメーカーもあり、かつての全日空でも運航したバイカウントというプロペラ機やVC-10という4発ジェット旅客機を開発している。ハンドレページというメーカーは全日空の前身の1社である極東航空でも運航したHP-104マラソンというプロペラ機などを開発している。そしてこれらの航空機メーカーはいくつかの会社を経て1977年に統合、国有化されてBACを経てブリティッシュ・エアロスペースになり、コンコルドやBAe146という4発ジェット旅客機などを開発、現在はBAEシステムズを名乗っている。そしてヨーロッパ最大の航空宇宙企業であるが、その後、旅客機開発は行わなくなった。ただし、イギリスには世界的なエンジンメーカーであるロールス・ロイスがあるので、世界の旅客機開発には大きく関わってはいる。

ちなみに現在は、アメリカのロッキードやイギリスのBAEシステムズは旅客機開発から撤退しているわけで、そういう意味では事業を縮小したかのように思われるが、実際はボーイングやエアバスよりもロッキードやＢＡＥシステムズのほうが会社規模は大きく、つまりは民間機産業よりも軍事産業のほうが大きい規模となり、これらの企業からすれば、軍事産業が本業で、民間機の開発も行っていた時期があるということになり、ちょっと複雑な気持ちになってしまう。

ヨーロッパにはこのほか現在でも日本エアコミューターなどが運航するサーブ３４０を開発したスウェーデンのサーブ、かつてフォッカー１００などのジェット旅客機や中日本エアラインなどが運航していたフォッカー50などのプロペラ機を開発したオランダのフォッカーなどがあった。しかし、サーブは航空機開発から撤退、フォッカーは会社自体が倒産した。ドイツのドルニエは、アメリカのフェアチャイルドが買収したが経営破綻、新中央航空も運航するドルニエはスイスのＲＵＡＧエアロスペースが生産を引き継いでいる。フェアチャイルドは小型プロペラ機のメトロを開発したスウェリンジェンも買収していた。

日本でも多いカナダ製旅客機はボンバルディア製で、ジェット機のＣＲＪはカナディアが開発、プロペラ機はデ・ハビランド・カナダが開発している。この2社がボンバルディアに買収されたという経緯だ。デ・ハビランド・カナダはその名の通りイギリスのデ・ハビランドがカナダに設立した会社だった。

コラム④

なぜビジネスクラスが誕生したのか

機内構成も旅客機開発と大きく関わっていた。ボーイングの707やダグラスのDC－8が国際線の主役だった時代、キャビンにはファーストクラスとエコノミークラスしかなかった。エコノミークラスといえども、航空機自体が庶民の乗り物ではなかったので、現在とはニュアンスが異なるものであったことは容易に想像がつくであろう。

ジェット旅客機が飛びはじめた頃、日本人は公務などの理由なくしてパスポート取得ができず、庶民は事実上海外に観光旅行はできなかった。1ドル360円の固定相場であり、経済的にも庶民に手の届くものではなかった。海外旅行が解禁されるのは1964年、東京オリンピックの年で、翌1965年に「JALパック」が登場、やっと日本人にも海外旅行をするチャンスが巡ってくるが、当時のハワイ旅行は50万円ほどの価格で、現在の感覚からすると300万円くらいの価値となり、やはり庶民には高嶺の花であった。

庶民にも海外旅行が可能となってくるのは1970年代以降であった。やはり1969年初飛行、そして1970年には日本航空のホノルル便にも導入されたボーイングの747ジャンボ機就航が空の旅を大きく変えていった。「JALパック」発売と同時に団体包括運賃という制度がはじまり、大型機就航で割引運賃が進化するのだ。とはいっても747が登場しても、当初はファーストクラスとエコノミークラスの2クラスで、2階席はファーストクラス乗客用のラウンジであった。

やがて団体包括運賃の制度を利用して「格安航空券」が登場し、個人で海外を長期旅行するバックパッカーなどと呼ばれる若者も増えてくる。すると、ここで問題も出てくる。出張などで航空会社から正規運賃を購入している客と、ツアーや格安航空券を利用している客の運賃差が大きくなったにもかかわらず、同じ座席で同じサービスを受けるのは不合理という問題である。このようなことから誕生したのがビジネスクラスで、いわばエコノミークラス正規運賃利用者の救済用に誕生している。当初はビジネスクラスとして確立されておらず、エコノミークラスの正規運賃を払った乗客用のクラスなので、基本はエコノミークラスと同じ座席で、食事などのサービスを少し豪華にするなど、エコノミークラスに毛の生えた程度のものであった。

しかし、その後、ビジネスクラスは独自の運賃体系となり、年々豪華になり、機内だけにとどまらず、空港のラウンジや付帯サービスも加速する。現在では「ライフラット」「フルフラット」の座席に、全席通路側というのが主流になっており、エコノミークラスの派生から生まれたなど想像もつかないほど豪華なものになった。

ビジネスクラスが豪華になったため、ファーストクラスを廃止する航空会社も増えていったが、A380といった超大型機の登場で再びファーストクラス復活となり、現在のファーストクラスは豪華になったビジネスクラスの上を行く必要があり、パテーションで仕切られた個室感覚のものが多くなった。

再びビジネスクラスは庶民には手の届かない存在となったが、近年多くなったのがプレミアムエコノミー、通称「プレエコ」、ビジネスクラスとエコノミークラスの中間を埋めるクラスで、いわばビジネスクラス誕生の経緯が繰り返されている。

これらのクラス分けは航空会社によって差があり、大型機であってもビジネスクラス、エコノミークラスと2クラスで運航しているケースもあれば、ファーストクラス、ビジネスクラス、プレミアムエコノミークラス、エコノミークラスと4クラスで運航するケースもある。

第5章

巨人機A380に対して
ボーイングは中型機787で対抗

遂にエアバスはA380を開発

――エアバスは小型から超大型機までが出揃う――

1990年代に入ると、エアバスは超大型機の開発を計画する。1987年に初飛行した小型機A320が世界に普及し、そのA320と同じ操縦系統とした機材を多く開発し、小型機から大型機まで、そして、短距離機から長距離機まで、一通りのラインナップが揃っていた。しかし、ボーイングの747に対抗できるような機種はなかった。そこでエアバスは総2階建て構造のA3XXを計画する。国際線仕様で500席、エコノミークラスのみの国内線用にすれば800席以上にできる巨人機である。

この時期、超大型機の計画はボーイングにもあり、既存の747-400を大型化する747Xの計画があったほか、驚くことにボーイングと統合される以前のマクドネル・ダグラスにもMD-12という計画があり、MD-12の完成予想図はA380そっくりの4発総2階建ての機体であった。

しかし、超大型機となると、どの航空会社でも購入できる代物ではなく、目立つ存在ではあるが、購入できるのは限られたメジャーな航空会社のみである。737やA320クラスの機体は世界で多くの需要があるが、超大型機となるとそうは売れるものではない。もし、複数のメーカーが競って開発して、受注合戦を繰り広げたとしても、共倒れする可能性が高い。

旅客機の開発には莫大な費用がかかるため、新しい機体を開発すると、最低３００機以上売れないと黒字化は難しい。つまり２００機売れたとしても赤字なのである。すると、仮にアメリカとヨーロッパが超大型機を開発し、世界の需要の半分ずつを受注したとしても、全体で６００機を超す需要が必要となるが、超大型機の需要が６００機もあるとは思えない。

このようなことからボーイングは７４７Xの計画は進まず、マクドネル・ダグラスのＭＤ－12は計画のまま終わり、ボーイングと統合される。そして、この時期勢いのあったエアバスのＡ３ＸＸ計画だけが実現へと進み、２０００年に正式にＡ３８０として開発に着手、２００５年に初飛行を果たす。

路線就航は２００７年で、シンガポール航空によってシドニー、ロンドン、香港経由サンフランシスコ便の順に定期路線に投入された。日本へ初めて運航したＡ３８０もシンガポール航空であった。当初シンガポール～成田間であったが、その後、成田経由ロサンゼルス行きに改められたものの、現在は日本便にＡ３８０を運航しなくなっている。

Ａ３８０の就航で、航空会社のキャビン構成も変わってくる。メインデッキが３－４－３、アッパーデッキが２－４－２のアブレストなので、７４７の背中にエアバスのワイドボディ機を載せ

エアバスの巨人機A380はシンガポール航空によって運航がはじまった（成田）

ているような広さで、2階建て構造にもかかわらず、1階席、2階席ともに天井が低いなどの圧迫感はない。2階席をエコノミークラスにしたとしても、窓側に物入れができるほど広さに余裕がある。

A380就航以前、747の需要は減少し、世界の航空会社の長距離国際線機材は777やA340が主流になりつつあった。また、ビジネスクラスが年々豪華になる傾向にあり、すると、747の場合、機体前方をファーストクラス、2階席をビジネスクラスなどという構成にしやすかったが、777やA340では前方からファースト、ビジネス、エコノミーとし、運賃に見合う明確な差を設けるのが難しくなってきていたため、ファーストクラスを廃止して、ビジネスクラスを思い切り豪華にする傾向にあった。

ところが、A380の就航で、1階前方をファーストクラス、２階前方をビジネスクラスといった配置にし、Ａ３８０就航を機にファーストクラスが復権を果たした。２階を優等クラスのみとし、バーやシャワー設備を設ける航空会社も現れた。Ａ３８０の広いキャビンが現れたことで、再び優雅な国際線の旅も可能になった。

Ａ３８０のつくり手側であるエアバスのプランでの座席定員は３クラスで５２５席であったが、航空会社の意向により、ビジネスクラスが多めもあれば、エコノミークラスが多めもあり、実際に５２５席になるわけではない。現在もっともゆったり配置なのは大韓航空で４０７席、大韓航空の場合、ビジネスクラスが98席と多めのため全体の座席数が少なくなっている。いっぽう、もっとも多い座席数を誇るのが数あるエミレーツ航空の機体のうちの２クラス仕様の機体で、全体で６１５席である。この機体にはファーストクラスがなく、ビジネスクラス58席とエコノミークラス５５７席のみの配置とし、同社のＡ３８０ご自慢のシャワー設備も省略している。エミレーツ航空はＡ３８０をもっとも多く運航しているため、３種の機内配置を用意し、路線によって使い分けている。

ちなみに、Ａ３８０は開発時にうたっていた標準座席数は５５５席であったが、後に５２５席に変更している。しかし、開発当初から機体が狭くなったわけではない。これはスペック上の航続距離を長くしようとしたものと思われ、座席数を減らして燃料搭載量を増やしたのである。

555席で航続距離1万4500キロであったものが、525席で航続距離1万5200キロとなり、ボーイング機材に対し、エアバスA380は、大きさだけでなく、航続距離も長いということをアピールしたかったのであろう。この時期になると、これほどにボーイングとエアバスの開発競争は過熱していた。

ボーイングはA380の対抗機として亜音速機まで検討
――ボーイングは対抗機開発に苦慮する――

エアバスのA3XX計画が本格化すると、ボーイングはA3XXの対抗機種を考えざるを得なくなる。かといって、A3XX級の超大型機を開発しても、少ない需要をエアバスと奪い合いになるだけで、莫大にかかるであろう開発費に見合うだけの数は売れないことは明らかであった。そこで、ボーイングは2000年に、A3XXの対抗機としてすでにある747-400の機体を延長する747X計画を検討する。すでにある機体の派生形なら開発費も莫大とはならない。ボーイングは747X計画を発表すれば、エアバスはA3XXの開発を断念するのではと考えていたのである。ボーイングとエアバスの戦いが熾烈になると、対抗機というのは「対抗機種を開発する」というより、「相手の開発を邪魔する」というニュアンスも帯びてくる。

妙な話ではあるが、ライバル相手さえ新しいものを開発しなければ、こっちも開発せずにすむ、だから何とか相手の開発を断念させようという考えかたがある。東西冷戦時代のアメリカとソ連などもそうで、ソ連が新しい軍備計画を検討すると、アメリカはそれを何とか断念させるということに力を注いだ。断念させることでアメリカは対抗策をとらずにすむからだ。

しかし、ボーイングの７４７Ｘ計画に対して航空各社は関心を示さなかった。Ａ３ＸＸがゼロからのスタートなので、さまざまな革新的技術を盛り込んでいるのに対し、７４７Ｘはいわば既存の機体に手を加えるだけである。この頃になると航空会社の要求はシビアなものになっていて、小手先だけの新機種開発は通用しなくなっていた。

航空会社も厳しい状況にさらされていた。規制緩和で新興航空会社が続々と誕生し、運賃自由化などで収益は減少していた。利用者の感覚からも、かつては「機内食が豪華」と評されていた航空会社の機内食も並のものになり、マイレージ・プログラムでの特典獲得もハードルが高くなっていた。航空各社は通年で高い搭乗率を維持していないと路線が成り立たなくなっていた。

そして、２０００年にＡ３ＸＸはＡ３８０として開発がスタートすると、２００１年、ボーイングは亜音速機ソニック・クルーザー計画を発表する。これには私も驚いてしまったが、世界も同じであったに違いない。「ボーイングよ、本気か？」と疑いの目で見るような感覚であった。

超音速旅客機コンコルドが実用面では成功しなかったのは誰もが知る事実であるが、そのコンコルドを彷彿とさせるようなデルタ翼の機体で、定員は200席程度であった。「超音速」ではなく「亜音速」なので、マッハ1の音速は超えないが、音速に近いマッハ0・95程度で巡航するというもので、コンコルド失敗の要因が音速を超えることに起因しているので、音速を超えずになるべく速度の速い機体を開発しようと考えたのである。しかし、それまでの通常の機体でもマッハ0・85程度なので、劇的に速くなるわけではない。東京からニューヨークまで13時間だとすれば、その所要時間が11時間程度になる計算である。時間短縮効果は10～20％であるが、燃費も10～20％悪化するので、それが運賃に跳ね返っていたはずで、劇的な時間短縮でもないのに、それに対して追加運賃を払ってまでその便を利用する需要があったかどうかも疑問であった。また、巡航時間が長い路線でないと時間短縮効果は望めないので、国内線や東京～ソウル間などでは時間短縮できたとしても数分であっただろう。

ボーイングはA380に対抗できる機種を何とか無い知恵を絞ってでも具体化しようと焦っていたのかもしれず、ソニック・クルーザーには「7X7」、あるいは「27X7」などの開発コードもなかった。なので、ボーイングがこの機体にどれほど本気だったかはクエスチョンで、次期開発候補というよりは、検討候補のひとつであったくらいに考えたほうがいいのかもしれない。

世界の航空各社もソニック・クルーザーに関心を示さず、計画発表の年の9月にはアメリカで同時多発テロが起こり、計画は断念された。この後に石油が高騰していくので、もしソニック・クルーザーが開発されていたとすると、コンコルドの二の舞いになっていたかもしれない。

ボーイングがたどり着いた対抗機種は中型の７８７ ——巨人機に中型機で対抗する——

ボーイングはエアバスが開発中のＡ３８０に対抗できる新機種開発の妙案がなく、手をこまねいていたわけだが、ソニック・クルーザー計画ではひとつだけ間違っていなかった部分があった。それが「２００席程度」の機体という部分である。３クラスの標準座席数が５００席以上となるＡ３８０に対抗するのだから、ボーイングも巨人機を考えなければ対抗機種とはいえない気がするが、同じサイズの機体で対抗するのではなく、世界の航空路全体を見据えた上で、座席数２００席から２５０席程度の中型の機体で対抗するという戦術にシフトするのである。

こうしてボーイングの次期主力機として考案されたのが、中型７６７の後継機となる７Ｅ７であった。サイズ的には７６７と同程度ながら、短距離から長距離までこなし、軽い機体に燃費のいい強力なエンジンを装備し、経済性の高い機体としたのである。大きさや性能的にＡ３８０と同じ機種を開発するのが無理なら、世界の航空路の傾向を、巨人機による大量輸送ではなく、中型機による増便、また、今まで直行便が飛ぶほどの需要がなかった路線でも、直行便を飛ばしても採算が合うような機体を開発しようとしたのである。

７Ｅ７は、Ａ３８０に対抗するために開発されたのではあるが、Ａ３８０の対抗機種というよりは、アンチＡ３８０といった趣旨の機体なのである。ボーイングは、何とか世界の航空路を巨人機全盛ではない方向に向かわせたかったのである。仮にエアバスの目論見通り、主要都市間を巨人機が行き交い、Ａ３８０がバカ売れし、エアバスの一人勝ちになってしまったら……と、恐れていたのかもしれない。

ボーイングは７Ｅ７開発にあたって、その後の世界の航空路事情を分析している。今後、世界では、空港が整備され、増便が期待できるので、大きい機体を使って一度に多くの乗客を運ぶよりも、小さい機体で便数を増やす方向にあり、小さめで経済性の高い機体があれば、それまで直行便を運航するほどの需要がなかった区間にも直行便を開設できる。というものであった。７４７ジャンボ機を開発して空の大量輸送時代を築いたのもボーイングなので、その時々に開発している機体に合わせた理屈にも思えるが、この理屈に合致している面も多かった。

たとえば日本では、長い期間にわたって成田空港に滑走路が１本しかなく、少ない便で多くの

787はANAの50機という大量発注で開発が正式にスタートしている（高松）

客をさばく必要があり、世界でもっとも747など大型機の比率の高い空港といわれたが、2002年、韓国との共催で開かれたサッカーワールドカップ大会に間に合わせるため2本目の滑走路が暫定的な長さで供用をはじめ、それまでに比べていくぶん増便の余裕が出ていた。ボーイングの理屈だと、成田～ニューヨーク間を747で1日1便飛ばしているなら、7E7を使って1日2便にすれば、朝便、夕方便などとすることができ、利便性も増すというのである。また、それまでの中型機767では成田～ニューヨーク間を直行できないが、7E7なら可能であった。

当時は羽田空港の滑走路は3本であったが、4本目のD滑走路建設も計画されていた。日本の状況はボーイングの分析通りだったのである。

この時期はアジアにおいても、新空港ラッシュだった。1998年に香港チェクラプコク国際空港やクアラルンプール・セパン国際空港、1999年に上海浦東《プードン》国際空港、2001年に仁川《インチョン》国際空港、2004年に広州新白雲国際空港、2006年にバンコク・スワンナプーム国際空港が開港し、発着可能な回数は倍増していた。

いっぽう、巨人機A380を開発中のエアバスはこの理屈には反論せざるを得ず、今後も主要空港間では大型機による大量輸送は必要だとしたほか、中国やインドなど人口の多い国の経済発展を例に挙げ、大型機の必要性を強調した。アジアの新空港に関しても、この地域は航空需要が旺盛である証拠で、なおさら大型機が必要だとしたのである。

そこで、7E7は、それまで航空機の機体はジュラルミンというアルミ合金製が常識であったが、炭素繊維複合材、いわばプラスチック製の軽くて頑丈なものとし、燃費のいい強力なエンジンを装備することによって、経済性の高い機体としたのである。

2004年、A380が初飛行を果たす前年に、7E7はANAの50機という大量発注で、開発コード7E7から787となり、正式に開発がはじまる。

７８７の機体はプラスチック製
——Ａ３８０の対抗機というより７８７の経済性が注目される——

７８７は、ワイドボディ中型機という、一見個性に乏しい機体に思えるが、中身は革新的である。機体が炭素繊維複合材というのはどういうことだろうか。それまでの航空機の機体はアルミ合金製で、まず骨格があり、アルミの板を張り合わせたような構造になっている。しかし、７８７の胴体は板を張り合わせるのではなく、最初から胴体の形をしたプラスチック製の筒状の軽くて頑丈な形である。

７８７は機体重量に占める金属ではない複合材の占める割合が50％ほどになった。７４７では１％、７６７では３％、７７７でも10％なので、７８７はいかに複合材が多用されているかが分かる。７８７の機体重量の残り50％ほどはエンジンなどとなり、複合材では適さない部分となるので、複合材が使える範囲はすべて複合材として、徹底的な軽量化を図った。

大幅な軽量化が図られ、なおかつ丈夫なことから機内の与圧圧力を高めることも可能になった。それまでの機体の与圧は標準気圧１気圧の70～80％に抑えられていたが、７８７では１気圧近くまで上げられ、地上と何ら変わらない気圧に保てるので耳ツンなどが起こる可能性が低くなる。乗客はあまり感じないかもしれないが、機内を忙しく動き回るキャビン・クルーにとっては、機内での仕事は酸素濃度の薄い高地で仕事をこなしているようなもので、重労働に値する。しかし、787ならそういった環境も改善される。

機体が頑丈なので、開口部である窓も大きくすることができ、窓側の席以外からも外の視界がよくなっている。

機体が金属製の場合、もっとも心配されることに、水分による錆があり、一般に機内は乾燥させているが、金属を使わなければ錆の心配がなく、加湿も可能となり、見えない部分で快適性は増している。

主翼も独特の形となった。それまでの旅客機の主翼は直線的に構成され、ウイングレットのある機体は先端が折れ曲がった形をしていたが、複合材製の主翼は曲線で構成され、全体的に上部に反り上がったような形をし、先端が折れ曲がったウイングレットではなく、主翼先端が全体的に徐々に上向きになるといった形になった。機械というより鳥のイメージに近くなっただろうか。

エンジンはバイパス比が約10という低燃費のエンジンで、エンジンナセル後方はシェブロンノズルというギザギザの形状になり、これによって低騒音化も図られ、このエンジンのシェブロンノズルは以降ボーイングが開発する機体では定番のスタイルとなった（747－8、737MAX）。なぜエンジンナセル後方をギザギザにすると低騒音化が図られるかというと、騒音源のひとつとし

先端が反りあがった主翼とエンジンのギザギザが787の特徴となった（関西）

て、エンジンを通過した空気の流れと周りの空気の流れに速度差がある。ところが、ギザギザの形状にしておくことで、速度差のある空気の流れが混ざり合って速度差が解消されるのだそうだ。

こうした機体の軽量化、エンジンの低燃費化で、７６７や７７７に比べて、乗客１人当たりの燃費は10〜15％も改善されたのである。

すると、７８７は経済性重視の機体としたため、世界の航空各社の関心も集まりはじめた。「Ａ３８０の対抗機かどうか」「７６７の後継機かどうか」「これからは中型機で便数を増やす傾向になるかどうか」などという理屈は二の次で、航空各社は７８７の燃費のよさ、その経済性に注目しはじめたのである。

こうして、世界の航空会社はこぞって７８７を発注することになる。ちょうど石油価格が高騰していた時期で、利用者も燃油サーチャージというものに悩まされはじめた頃であり、石油高騰を理由に倒産する航空会社も出ていた。航空各社は787を導入して、何とか燃料費を抑えたいと考えるようになり、初飛行前の段階で、700機を超える受注を得るのである。初飛行どころか実機もないのに700機を超える受注というのは前代未聞で、いかにこの時期、世界が石油高騰に頭を悩ませていたかが分かる。ボーイングにしてみれば、初飛行前から採算ラインを大きく上回る受注を得ていたわけで、787は順風満帆の船出となった。

炭素繊維複合材の胴体は日本技術による
―旅客機開発に不可欠となった日本の先端技術―

787は2009年に初飛行を行い、2011年にローンチ・カスタマーであるANAが国内線に就航させ、翌2012年には国際線にも就航する。同じく2012年には日本航空の国際線にも就航する。経済性に富む787は日本が先陣を切って運航をはじめた。

ボーイングの航空路予測が当たっていた部分も多分にあり、ANAはそれまで直行便を飛ばすほどの需要がなかったサンノゼやブリュッセルに787を使って直行便を開設、同様に日本航空もサンディエゴ、ボストン、ヘルシンキへと787で直行便を開設し、787の「小振りの機体で遠くへ飛んでも経済性が高い」という特性が発揮された。

日本へ運航する海外の航空会社でも、ユナイテッド航空がデンバー～成田間を787で開設、これも同様の理屈によっていた。長距離性能も発揮され、アエロメヒコ航空のメキシコシティ～成田間も直行便となり、やはり、大きな需要がなくてもエチオピア航空も787で成田へ乗り入れ、LOTポーランド航空も787で成田乗り入れを果たした。これらの路線は787が就航していなかったら、経済性の面で開設できなかったであろう。

787は、あらゆる面で日本が大きく関わっている。ANAが50機もの数を発注したことで開発が決定し、日本航空もまとまった数で発注していて、787の全体の発注が1000機を超えた時点では日本の2社が100機以上を発注していた。全体の10%は日系航空会社が発注していた。

なぜ日本はこれほど787を発注したのか。それは787の多くの部分が日本製だということも大きく関わっている。787の特徴として、機体が炭素繊維複合材であると繰り返し述べたが、それを開発したのは日本の東レの技術であるし、主翼を設計・製作しているのも日本の三菱重工業である。ボーイングが、機体のもっとも重要な部分の主翼の製造を自国以外の企業に任せたのは787が初めてである。開発分担は日本もアメリカも35%ずつなので、アメリカ企業のボーイングというブランドの機体ではあるが、中身は世界各国が分担しており、アメリカ・日本合わせて70％で、残りの30％も他国になり、旅客機開発は各国の技術を結集しないとできない時代になった。

新機種が就航すると、どうしても初期トラブルは付き物である。787は就航当初、バッテリーのトラブルが相次いだ。787の特徴としてリチウムイオン電池が多用されているという部分があり、このトラブルで奇しくも名前が知られることになったが、そのバッテリー開発も日本企業のGSユアサであった。その後バッテリー問題は解消されたが、日本の先端技術は航空機開発に欠かせないものになっている。

新機種開発にあたり、ローンチ・カスタマーはいろいろとメーカーに提案できる権限を持っているが、日系航空会社のアイデアで、787では温水洗浄便座がオプションで取り付けられるようになった。これはTOTOの技術によっている。

近年開発された機体は、必ずといっていいほど初飛行の日程が遅延する。787でも何度も初飛行が遅れ、玉突き的に航空会社への納入が遅れ、それを理由に発注をキャンセルする航空会社まであった。これはA380でも同様である。その理由のひとつに、さまざまな国の技術を総合しているので、787でいえば、各国で製造された部品をアメリカに運んで組み立てている。すると、1カ所でも不具合が生じ、それを修正してフィードバックさせるのに時間を要するという

名古屋でつくられた787のパーツはドリームリフターでアメリカへ輸送される（中部）

ことが挙げられる。単独でつくっていた頃には生じなかった問題である。

日本は７８７開発以前からボーイングの機体開発には関わっていて、７７７においても日本でつくられたパーツは多かったのだが、７８７では胴体に主翼といったもので、もはやパーツというようなものではなくなっていて、それを輸送する特大の貨物機が三菱重工業などに近い中部国際空港とアメリカのシアトル郊外にあるボーイングのエバレット工場の間を行き来している。

７４７－４００を改造した機体はドリームリフターこと７４７－４００ＬＣＦ（Large Cargo Freighter）と呼ばれ、「ドリームリフター」というのは７８７ドリームライナーを運ぶという意味で、７８７をつくるにあたっての機体パーツを運ぶためだけの専用貨物機である。たとえていうなら、大きなものを飲み込んでしまった蛇のような異様な形をしていて、胴体の最大直径の部分がぱっくり割れ、787の胴体や主翼がそのまま機内に入るよう工夫されている。787生産の本格化によって、中部国際空港とアメリカ、あるいは、やはり787のパーツを生産しているイタリアからアメリカへもこの機体が飛んでいる。

開発ありきでスタートしたA350だったが
―エアバスも小手先だけの対抗機種発表で失敗する―

787が人気を博し、受注を集めると、困ってしまったのはライバルのエアバスである。この流れはエアバスがA380という巨人機を開発したためにはじまっている。A380の対抗機を模索したボーイングは、同じ大きさの巨人機を開発しても、売れる数は限られている。そこで747−400に手を加えた747X開発、果ては亜音速機ソニック・クルーザー開発を試みるものの航空会社の賛同は得られなかった。そこでたどり着いたのが、アンチA380ともいえる中型機787で、経済性の高さから世界の航空会社がこぞって発注したのである。

すると、今度はエアバスが窮地に立たされる。巨人機A380は、世界中でもそう売れる機体ではない。500席以上の機体を定期便で飛ばし、それを採算ベースに乗せられるほどコンスタントに利用者のある航空会社・路線はそうはないからだ。なので、ライバル会社としても、敢えて同じような機体を開発して競争する必要はない。

しかし、２００席程度の双発機で長距離を飛べる７８７となると、ライバルのエアバスとしては無視することはできない。このサイズの機体は世界中の多くの航空会社が欲している機体なので、もしエアバスが対抗機を開発しないと、そのサイズの需要をすべてボーイングに持っていかれてしまうからである。

エアバスには７８７に対抗できる機種はなかった。Ａ３３０は双発ながら、７８７ほどの長距離は飛べないし、長距離を飛べるＡ３４０は4発なので７８７に比べてかなり燃費がよくない。エアバスには全機種の操縦性が統一されているという強みはあったが、７８７の経済性に勝るほどの優位性ではなかった。

そこでエアバスは７８７の対抗機Ａ３５０を開発せざるを得ない状況になったのである。しかし、発端はエアバスのＡ３８０開発なのだから「自分でまいた種」である。７８７はＡＮＡの50機という大量発注で開発が決定したが、Ａ３５０は「多くの受注を得たので開発に踏み切ろう」ではなく、開発ありきでスタートしている。この時代、ボーイングとエアバスは世界のシェアを二分するライバル関係であり、「相手の邪魔をする」のが対抗機種となっていた。開発しないわ

A350XWB開発は当初紆余曲折を経ていた（羽田）

けにはいかなかったといえるだろう。

ところが、エアバスはボーイングと同じような失敗を犯してしまう。Ａ３５０という新機種にもかかわらず、その中身はというとＡ３３０の胴体をそのまま流用したもので、いわばＡ３３０に少し手を加えただけのものであったのだ。Ａ３５０というよりは「Ａ３３０Ｘ」程度の中身であったわけで、これには世界の航空各社は失望してしまった。７４７Ｘとあれば、７４７に手を加えたものというのは想像できるが、Ａ３５０と新機種を名乗っていれば、ゼロからの開発に思えるのは当然であるが、中身はＡ３３０に手を加えただけのものであったのだから、航空各社が失望するのも無理はない。

エアバスのＡ３５０計画発表で、Ａ３５０導入を検討していた航空会社も発注を見送り、皮肉にもかえって７８７の発注が加速してしまうのである。たとえばエア・カナダは以前、小型機はダグラス機中心に導入していて、その代替がエアバスＡ３２０ファミリーとなった航空会社で、エアバスの多い機体構成だった。そしてＡ３５０導入も検討していたが、けっきょく経済性などの面から中型機は７８７を選択した。

エアバスも、小手先だけの対応で対抗機種を開発したのでは、７８７に対抗できる機種はできないことは分かっていたはずであろうが、何しろＡ３５０は「開発したい」ではなく「対抗上開発しなければならない」という状況でスタートしているという姿勢が現れてしまったのであろうか。

この時期、エアバスはＡ３８０の初飛行が遅延していて、Ａ３８０を発注していた航空各社からは遅延に対する補償を求められており、新機種開発どころではなかったというのも垣間見られる。

エアバスはA350XWBに仕切り直して開発開始
――遂に日本航空がエアバスを大量発注――

Ａ３５０の中身がＡ３３０に手を加えただけのものだったため、Ａ３５０導入を検討していた航空各社をがっかりさせてしまったエアバスは、「小手先だけの対応では賛同は得られない。最初から開発する必要がある」と反省したのか、２００６年、仕切り直しをしてＡ３５０ＸＷＢ開発を発表する。ＸＷＢはeXtra Wide Bodyの略で、新たに胴体から設計することになった。エアバスではエアバス最初の機体だったA300以来、A310、A330、A340と最大公約数的に同じ胴体直径を採用していて、アブレストは2－4－2であったが、A350XWBではその名の通り胴体直径が大きくなり、アブレストは3－3－3配置となった。航続距離も1万5000キロ以上となった。787同様に胴体や主翼に複合材が多く使われ、軽くて経済性の高い機体となったのである。

定員200～300席の787（787は派生形も開発されたので当初より定員は多くなった）の対抗機種として開発がスタートしたが、XWBの名の通り胴体直径を大きくした結果、A350XWBは定員300～400席となり、787より大きくなったほか、A350XWBでは敢えて短・中距離用機材は開発せず、長距離用のみを開発し、短・中距離用機はA330の改良型を継続して充てることになった。そのため、A350XWBは787の対抗機ではあるが、787が200～300席で短距離から長距離までこなすのに対し、A350XWBは、300～400席の長距離用機材となったのである。

また、131ページに既述したように、エアバスでは「双発万能の時代になっても長距離機は4発機のほうがより安全である」という考えを持っていたが、A350XWBは長距離用双発機となったため、エアバス内で整合性がとれなくなり、A350XWBがまだ初飛行を行っていな

2019年に日本航空がエアバスを導入予定！ 写真提供=日本航空

い２０１１年にＡ３４０生産中止を発表した。

Ａ３４０は４発エンジンゆえにどうしても経済性に劣り、いっぽうでボーイングの７７７の航続距離が伸びていたので「Ａ３４０でなければ」というケースがなくなっていたことも事実で、「４発のほうがより安全」という考えも世界の航空会社には浸透しなかった。実際問題エンジンの信頼性向上が目覚ましく、世界の航空会社は経済性をとったのである。

Ａ３５０ＸＷＢは２０１３年に初飛行を果たし、翌々年にカタール航空によって路線就航している。そのためカタール航空がローンチ・カスタマーとなっているが、Ａ３５０ＸＷＢはカタール航空が大量発注したから開発がスタートしたというよりは、１８９ページで述べた通り、Ａ３５０ＸＷＢは７８７の対抗上、開発ありきで計画がスタートしており、カタール航空のローンチ・カスタマーという感覚は希薄に感じる。

エアバス機材ではあるが、アメリカでの人気も高く、デルタ航空、ユナイテッド航空、USエアウェイズ（アメリカン航空の前身の1社）も二桁単位で発注していて、ボーイングだからアメリカ、エアバスだからヨーロッパで多く使われるという感覚は完全に消え失せていた。かつてボーイング機材しか購入しないといっていたデルタ航空も二桁単位で発注したが、かといってそれがニュースになるわけでもなかった。

むしろ驚かれたのは、日本航空が2013年にA350XWBを次期長距離国際線機材として二桁単位で発注したことである。日本航空は2010年に破綻しており、その際、国内線・国際線ともに不採算路線の大幅見直し、貨物専用便の廃止、経済性の低い747の早期引退などを決め、抜本的な経営見直しを行っている。それまでの常識などにとらわれることなく、白紙状態で機材選定を行った結果、A350XWB選択に至ったのであれば「日本はエアバスを食わず嫌い」は的を射た表現であったのかもしれない。日本航空のA350XWBは、まだ実機はないが、2019年から受領予定である。

Ａ３８０の半数はエミレーツ航空など中東湾岸諸国の航空会社へ
――Ａ３８０のオペレーターは地域に偏りがある――

エアバスの巨人機Ａ３８０の開発は、結果的に旅客機技術を大きく発展させた。Ａ３８０は計画通り、標準座席数が５００席を超える巨人機となった。それに対して、同じ巨人機ではなく中型機でアンチＡ３８０として開発されたボーイングの７８７は、それまでの常識をくつがえすプラスチック製、軽量化によって経済性の高い機体となり、現在は１１００機を超える受注となった。その７８７に対抗するためにエアバスはＡ３５０ＸＷＢを開発、引き換えというわけではないが、４発のＡ３４０は生産を終了することとなった。これで７４７、Ａ３８０といった大型機以外は双発機材となったのである。

それぞれの機体を開発する上で、まずボーイングは、今後は空港が整備され、中型機による増便、それまで直行便のなかった区間も直接結ばれるようになるとしていたのに対し、エアバスは、今後も主要都市間では大量輸送が必要であるとしていたが、全体的には世界の航空路はボーイングの考えのほうに傾いたと思われる。

Ａ３８０の発注数が３１９機で、何とか採算ラインは超えたものの、売れ行きは不振である。とくに２０１４年、２０１５年の2年間は発注数がゼロとなった。世界中にまんべんなく売れた787と違って、A380の319機の中身はかなり偏っている。319機中、半分近くの142機がエミレーツ航空の発注分で、A380はエミレーツ航空が発注しなければ成り立たなかった機体といえ、逆にいえばA380はエミレーツ航空のためにあるともいえる。そのほか中東の勢いのある航空会社であるカタール航空とエティハド航空が10機ずつの購入となったので、中東湾岸地域で162機を占め、ちょうど半分の数となる。

いっぽう、A380はアメリカ系航空会社の発注は1機もない。当初はアメリカの貨物航空会社大手のフェデックス・エクスプレスとUPS航空がA380の貨物型を発注していたが、開発の遅れからキャンセルし、けっきょく貨物型は開発されなかった。いずれにしても旅客型はアメリカでは1機も売れておらず、南北アメリカ大陸に範囲を拡大しても1機も導入予定はなく、A380を導入した航空会社は地域に偏りがある。

エアバスの目論見が外れている部分もある。エアバスはA380計画当初、標準座席配置で500席以上、エコノミークラス中心にして短距離を飛ばすなら800席以上にすることも可能としていたが、この800席以上の機体というのは、多分に日本や、人口が多く経済発展著しかった中国やインドの国内線で使われることを当て込んでいたように思われる。

日本では、すでに日系航空会社ではジャンボ機ことボーイング747の旅客機は姿を消してしまったが、当時の日本の国内線は、旅客需要が高いのに空港整備が遅れていて、大きな旅客機で一度に大勢運ぶ必要があり、７４７には日本国内線用バージョンの７４７ＳＲや７４７－４００Ｄ（Ｄ＝Domestic）などという機体があり、日本は世界一大型機の比率の高い国であった。エアバスとしては、そんな日本なのだから、巨人機Ａ３８０は買うのではないかと目算していたに違いない。

しかし、日本は後になってＡＮＡがホノルル便用にＡ３８０導入を決めるが、国内線用にＡ３８０というのは検討すらされなかった。また、中国も中国南方航空がＡ３８０を導入し、実際に国内線でも運航しているが、国内線で使われるのは広州～北京間の１日１便のみで、そのほかは国際線で使われている。

エアバスが考えた巨人機による短距離の大量輸送を行っている航空会社はないのである。唯一、フランスのエール・オーストラルが、パリとインド洋のフランス領レユニオン島のサン・ドニを結ぶ路線に全席エコノミークラス８４０席のＡ３８０運航を計画したものの、発注した2機はキャンセルになってしまい、けっきょくのところ８００席のＡ３８０は実現していない。

それに対し、ボーイングの予想していた、経済性の高い中型機を開発すれば増便、新路線開設などでの需要があるという部分のほうが目論見通りになった感じで、実際日系航空会社の７８７

の使い道は、それまで747で1日1便だった路線を787で1日2便にしたり、新たな就航地へ飛んだりと、ボーイングの予想と近かったことは確かである。

しかし、787がよく売れた理由は、何といっても燃費がよいという経済性に尽きる。787が受注を伸ばした時期、石油価格が高騰し、航空会社は運航経費に頭を悩ませ、利用者は燃油サーチャージの高さに参っていた時期である。経済性の高い機体で何とかこの石油高騰を乗り切ろうと考えていたのである。

また、石油価格高騰は別の意味で航空機産業に影響がある。航空業界全般としては石油価格高騰に悩んでいたわけだが、いっぽうで中東湾岸諸国の航空会社がA380を大量に購入できるのは、潤沢なオイルマネーといえ、石油価格が下落すると、中東湾岸諸国の旅客機購買力も低下し、A380などは成り立たなくなってしまうであろう。

いっぽうで、潤沢なオイルマネーで大型機が多く売れ、いっぽうでは、石油価格高騰に悩まされた航空会社に、経済性の高い機体が売れていたのである。

こんなことから、A380開発に発端をおく旅客機開発競争は、A380は300機程しか売れていないものの、その対抗機787は1100機以上の受注を得、皮肉なことに、そのまた対抗機となるA350XWBも800機以上の受注を得ているのである。

サッカーチームのチャーターで成田空港に到着したマレーシア航空のA380

Ａ３８０はその大きさゆえに、満席になれば、確かにエアバスのいうように世界でもっとも経済的な旅客機となるのであろうが、大きいがために使いにくい部分もある。

２０１５年にこんなことがあった。日本で行われた「ＦＩＦＡクラブワールドカップ ジャパン」参戦のため来日したＦＣバルセロナチームはマレーシア航空のＡ３８０をチャーターしての来日となった。しかし、選手がいるのはバルセロナ、会場は日本、機体の拠点はクアラルンプールなので、回航の距離が長く、効率が悪そうである。

このようになった背景に、マレーシア航空側の事情もあった。マレーシア航空はＡ３８０を６機保有し、ロンドン便を１日２便、パリ便を１日１便運航していたが、パリでのテロ事件などの影響と経営再建策に伴い運休となる。余剰になった２機のＡ３８０は、おもにサウジアラビアのジェッダへ、イスラム巡礼フライトなどに使われていたが、マレーシア航空のA380が余剰気味であったことからチャーターでの出番となったのである。余剰だからといって、他の路線に転用しても、大きな機体ゆえに供給座席数が過剰になり、経済的ではない。かといって、中古のA380を購入できる航空会社も見当たらず、マレーシア航空では、イスラム巡礼専用機材にする案まで浮上している。

A380、787、A350それぞれの乗り心地は ——787は環境はよいが人口密度が高い——

乗り心地から見た、A380、787、A350はどうであろうか。

A380はやはり広さゆえのゆったり感がある。エコノミークラスのアブレストは1階が3−4−3、2階は2−4−2なので、ちょうど747ジャンボ機がエアバスのワイドボディ機A330をおんぶしているような感覚である。2階は窓側に物入れがあり、機内に持ち込んだ小さめの荷物ならここに収納できるので、立たなくても荷物の出し入れができるのは便利である。2階建て構造ではあるが、1階、2階とも天井が低いなどの圧迫感は感じない。

A380ではその広さを利用して、ファーストクラスとビジネスクラスの違いをはっきり出す

A380の2階席は狭さをまったく感じない空間になっている

ことができ、A380のファーストクラスは個室が基本である。たとえば、シンガポール航空のファーストクラスに相当する「スイートクラス」では、通路側の隣り合う個室と個室の間のパテーションは可動式で、2つの個室を1室の2人用個室とすることができるなど、それまでの機体ではできなかった機内レイアウトも可能となった。

A380の機内座席配置は、1階前方をファーストクラス、2階前方をビジネスクラス、後方は1階、2階ともエコノミークラスにしたり、2階を優等クラス専用フロアにし、1階を全席エコノミークラスにしたりするなど、航空会社の好みによって機内座席配置はさまざまである。

総2階建て構造のため、2階は後部でも静粛性が高いという特徴もある。ジェット旅客機の騒音源はエンジンの排気なので、エンジンより後部は騒音が大きくなるが、２階はエンジンの排気の通り道から離れており、Ａ380の場合は、機体後部でも2階席はかなり静粛性が保たれている。

いっぽう、787の乗り心地のよさは広さとは関係のない部分に集中している。機体が頑丈な炭素繊維複合材でできているため、機内の気圧を上げることができ、地上とほぼ同じ気圧に保たれているほか、機体が金属製ではないため、錆の心配がなく、加湿されていて、機内が乾燥しているという環境が改善された。

胴体が頑丈なため、従来の機体より窓が大きく、眺望がよくなっている。窓には従来方式のシェードはなく、電子カーテンとなっていて、ボタンで窓の透過率を調整でき、乗員が一括で管理することもできる。ただ、先進的ではあるものの、上部半分だけシェードを下ろすといったことができないので、乗客の好みによって賛否が分かれるところであろう。「従来式のシェードじゃいけないの？」といった声をよく聞くのも確かである。

787は座席配置の関係でエコノミークラスにゆとりを感じないことも事実である。787が計画された当初、ボーイングは787のアブレストを2－4－2の8列で計画し、格安航空会社（787が計画された当時はLCCという言葉は一般に浸透していなかった）の場合は3－3－3の9列座席配置にもできるといった仕様であった。ところが、787が実際に航空会社に納入される頃には、航空業界の環境が変わり、ほとんどの航空会社が３－３－３の９列配置となった。７８７計画時よりも、航空会社の経営は厳しいものになっており、どの航空会社も座席のゆったり度よりも、より多くの乗客を乗せて収益性を高めるほうを優先したのである。けっきょく８列配置となったのは、発注の早かった日系航空会社のみで、その日系航空会社向けの機体も、途中から９列に改められている。そのため、７８７は７６７の後継機といわれるものの、７８７機内は人口密度が高く感じ、新しい機体ではあるが窮屈感があり、７６７のようなゆったり感がない。

さらに、７８７は窮屈感がある上に、機内エンターテイメントが整っている関係で新たな問題も感じる。エコノミークラスでも大きな画面のパーソナル液晶画面が備わっていて、機内映画などもオンデマンドである。液晶画面も日進月歩で、以前のものは前席の人がリクライニングすると、液晶画面も角度を変えないと見づらかったものだが、近年の液晶画面は斜めからでも奇麗に見ることができる。すると、隣の座席や、通路を挟んで前方の乗客が見ている映画などがよく見えてしまい、暴力シーンの多い見たくもない映画なども見えてしまうのである。

７８７は全体的には、気圧や湿度では乗り心地がいいものの、落ち着かない機内ともいえそうだ。

ではＡ３５０ＸＷＢではどうだろうか。２０１６年12月現在、実際にＡ３５０ＸＷＢを運航しているのは、カタール航空、ベトナム航空、フィンエアー、シンガポール航空、TAM航空、キャセイパシフィック航空しかなく、日本路線に運航しているのはベトナム航空とシンガポール航空である。

そのため、A350XWBの特徴が今ひとつ見えてこないのだが、エアバスはA350計画当初はA330の胴体を流用しようとして失敗し、新たな胴体設計から行うことになった。A330などより胴体が大きくなったので「XWB」となった経緯があり、標準座席配置がA330などの2-4-2の8列から3-3-3の9列に変更になっている。この座席配置の変更が機内の居住性に影響を及ぼすかもしれない。

ツアーの添乗員から、エアバスA330などの2-4-2の8列座席配置は、ワイドボディ機の座席配置ではベストだと聞いたことがある。旅行客の構成は、夫婦、カップル、ハネムーンなど2人という単位が多く、2-4-2は使いやすいのだそうだ。その点、777や787の多くを占める3-3-3は、3人単位の組み合わせばかりなのに対し、3人単位の旅行客が少なく、どうしても相席になったり離れ離れになったりしてしまい、使いにくいのだそうだ。

ジャンボの最終形式になりそうな７４７ー８
――そろそろ終焉となりそうな７４７ジャンボ機――

１７４ページで述べたように、ボーイングはエアバスのＡ３ＸＸ計画に対抗するため、２０００年に、７４７ー４００の胴体を延長した７４７Ｘ計画を発表する。しかし、Ａ３ＸＸがまったく新しい機体であったのに対し、７４７Ｘは７４７ー４００に手を加えただけで、世界の航空各社が興味を引くようなものではなかった。そして２００１年に起こったアメリカの同時多発テロ事件によって７４７Ｘ計画も無期延期のような状態になってしまう。

そして、ボーイングが考えたＡ３８０に対抗する機体は中型の７８７で、２００４年に開発が開始され、炭素繊維複合材を多用すること、新開発の強力で騒音も少なく、燃費のいいエンジンとなるが、その７８７開発で培われた技術を応用して、７４７Ｘの計画が実現することになり、２００５年に７４７ー８として開発がスタートする。

７４７ー８は７４７ー４００の胴体を5・7メートル延長し、３クラスでの標準座席数４６７席とした機体で、航続距離も1万４８１５キロと、７４７ー４００ＥＲよりもさらに長くなった。７４７Ｘとして計画された当初は、５２５席になるＡ３８０の対抗機という意味合いから計画されたが、実現した機体は７４７ー４００の性能をやや上回る程度のもので、見た感じも「新機種」

というよりも、航空ファンなど、それまでの747－400を見慣れている人なら、新しい機体だと判別できるくらいの機体となった。しかし、機体の長さという点ではもっとも長い旅客機となった。

747－8は、747－400の発展形なので、基本的に金属製の機体ながら、大幅に炭素繊維複合材が用いられ、エンジンは787同様にシェブロンノズルのギザギザの入った低騒音の強力なものとなった。主翼も787同様に、先端が折れ曲がった従来式のウイングレットではなく、主翼全体が反り上がった形状となった。まさに「787の技術で、従来の747をつくったらこうなった」というような仕上がりとなった。

初飛行は2010年、貨物型の747－8Fで、初就航は翌2011年、ルクセンブルクのカーゴルックス航空であった。旅客型の747－8IC（InterContinental）が初飛行したのは2011年で、翌2012年にはルフトハンザドイツ航空によって初就航している。

しかし、旅客機として人気の機体となっているかというと答えはノーで、旅客型の747－8ICを購入したのはルフトハンザドイツ航空、大韓航空、中国国際航空の3社にとどまっていて、日系航空会社が興味を示す気配はないほか、日本へ乗り入れている747－8ICもルフトハンザドイツ航空と、大韓航空が多客期に機種変更して乗り入れる程度である。

ルフトハンザドイツ航空の747-8IC。世界一長い旅客機でもある（羽田）

７４７−８は、完成当初から「貨物用」といった傾向が強く、旅客型より貨物型のほうが多く売れている。日本でも日本貨物航空が採用しているほか、大韓航空、キャセイパシフィック航空、シルク・ウェイ・ウエスト・エアラインズ、エアブリッジ・カーゴ、ポーラーエアカーゴなどの便で日本へ乗り入れている。７４７−４００ＥＲＦよりもさらに多くの貨物を積んで長く飛べるという性能が買われている。

旅客型の販売が不振なのには理由がある。旅客型の巨人機が欲しいならＡ３８０を導入するという方法があり、Ａ３８０は新しい機体なので、数々の新技術が盛り込まれているのに対し、７４７−８は７４７−４００の発展形であり、メリットの多くは、それまで７４７−４００を多く運航していた航空会社の後継機種という意味合いが強い。しかし、日系航空会社もそうであったが、747−400を運航していた多くの航空会社が、燃費のいい双発機に置き換えたため、今さらまた747を運航しようという気にならなかったのであろう。

また、747−8のエンジンはアメリカ製ゼネラル・エレクトリックのものしかなく、787のようにゼネラル・エレクトリックとロールス・ロイスから選択といったことができないことも、747−8の販売が伸びないことの大きな原因である。

このようなことから、747、とくに旅客型の747−8ICは、間もなく生産を終了するという見方が支配的である。「ジャンボ」の名称で親しまれた旅客機がなくなってしまうのは残念であるが、基本設計が1960年代なので、致し方ないことなのかもしれない。

コラム⑤

航空運賃がたどった道のり

日本人が海外旅行できるようになったのは東京オリンピック開催の1964年以降である。当時、日本発の国際線運賃は外貨建てで、アジアやアメリカ方面へは米ドル、ヨーロッパへは英ポンド建てで定められていた。世界的には日本円はローカルな通貨で、航空会社は信用ある通貨しか受け付けなかった。たとえ日本航空の航空券でも国際線の航空券購入には外貨が必要だった。しかし戦後の日本には外貨が少なく、庶民が観光旅行目的に外貨購入はできなかった。それが緩和されたのが1964年である。かといってこの時代、庶民に海外旅行は手の届くものではなかったが。

大阪万博開催の1970年、日本航空も747ジャンボ機を運航開始、空の大量輸送時代を迎える。1973年には日本発の国際線航空運賃は大きく変わる。1米ドル360円の固定為替相場制から、変動相場制へと変わったのをきっかけに、日本発の国際線運賃を円建てに切り替えた。100米ドルの航空運賃なら日本円で3万6000円と一定していたが、変動相場制になると毎日航空券価格が変わることになる。そこでIATA(International Air Transport Association=国際航空運送協会)は日本発の国際線運賃の円建てに踏み切った。日本円が世界的に認められる通貨になった証しでもあった。

以降、国際線航空運賃は関係各国間の政府が、諸物価などを踏まえて決めた。しかし、問題も生じ、それが内外価格差であった。1米ドルが300円を切り200円も切る。為替レートが変動すると、国によって航空券の価格に差が出てくる。日本は経済成長期だったため、円は強くなるいっぽうであった。それに比例して円建ての航空券は、海外で買う航空券に比べて高くなった。

本来なら航空運賃は、旅客機を運航する航空会社が決めるものだが、政府間で決めていたため、航空会社の競争力は低下、航空自由化の早かったアメリカ国内線を運航する航空会社に比べて日系航空会社は競争力が低下してしまう。

庶民にとって政府間で決めたIATA普通運賃は無縁のもので、団体旅行や旅行会社で販売されている格安航空券に頼っていた。実勢価格と公の運賃はかけ離れた額であった。そこで関西空港開港の1994年、国際線運賃制度が改められ、ある一定幅の中で航空会社が自由に運賃を設定できる制度ができた。これがゾーンペックス運賃と呼ばれ、日本航空は「ＪＡＬ悟空」、全日空は「とび丸」などと名付けた個人用割引運賃を発売した。この運賃制度は最終的には２００８年に下限が撤廃され、事実上、運賃は自由化された。ＩＡＴＡ運賃は形骸化し、影響力は低下した。

日本国内の運賃はどうだろうか。１９８５年まで45・47体制下にあり、競争など微塵もなかった。割引運賃は往復割引と、当日空席待ち「スカイメイト」（22歳未満の乗客の会員制）だけであった。当時は福岡でも札幌でも陸路がポピュラーで、飛行機は特別な乗り物であった。

割引航空券導入のきっかけは、１９９４年から一定幅内で航空会社が割引運賃を設定できるようにした国際線の動向で、こういった制度を国内線にも波及させたのが１９９５年の空の規制緩和であった。国内線は海外の航空会社との競合がない「聖域」だったため、国際線から手を付けた格好だった。

規制緩和は当時の運輸省主導だったため定着せず、航空会社は運輸省へのお付き合い程度で割引を行ったが、意外な出来事で割引運賃は定着していく。１９９７年、羽田空港の沖合事業展開のひとつだった新Ｃ滑走路の完成で（現在のＣ滑走路）、海側に位置していたために運用時間が延び、早朝・深夜に発着可能になった。１９８８年には新千歳空港、１９９４年には関西空港も開港していたことから、国内線の運航時間が長くなったのである。

運用時間が延びたことで、航空会社は機材を増やすことなく、休んでいた機体を飛ばすことができ、運用効率がアップしたが、早朝・深夜のフライトは利用者に敬遠されたので、運賃の割引で利用促進を図った。これが「特定便割引運賃」のはじまりである。その後は対新幹線開業、対新規参入航空会社にもこの運賃を活用した。

国内線の価格破壊に大きな影響を与えたのはスカイマークで、1998年に、羽田〜福岡間を、その当時の大手航空会社の普通運賃の半額で参入した。さらに、北海道を拠点にしたエア・ドゥと宮崎を拠点にするスカイネットアジア航空（現ソラシドエア）も、スカイマークに続けとばかりに参入する。しかし、この2社は経営に行き詰まり、ANAと提携する。

新興航空会社が育たなかった理由として、国内線で収益を上げるためには羽田発着路線の充実が不可欠であるが、羽田空港の発着枠がタイトで、その多くは大手航空会社が抑えているということもあった。

2012年からはピーチ・アビエーション、エアアジア・ジャパン（いったん撤退して再参入）、ジェットスター・ジャパン、バニラ・エア、春秋航空日本など、日本の国内線にもLCCが運航されるようになる。前述通り羽田の発着枠が満杯なので、これら航空会社は成田、関西、中部を拠点にしての運航だ。LCCだけあって、運賃はスカイマークよりもさらに安くなった。価格破壊に貢献したスカイマークは、LCCに追われる立場となり、国際線に活路を見出すべく、A380を発注するものの、国内線の業績不振や、円安で機体購入費が膨れ上がり、けっきょくA380はキャンセルせざるを得なくなり、会社も破綻する。その後はANAとの提携という道で、2016年3月に再生が終了している。

第6章

RJ機の台頭でボーイングとエアバスの寡占に変化

ボーイング、エアバスは100席以下の機体を開発していない
――RJ機の誕生で少量ジェット輸送時代が到来――

東西冷戦が終わり、ヨーロッパやアメリカに多く存在した旅客機メーカーは、激しい競争で統廃合が進み、生き残ったボーイングとエアバスが世界の旅客機需要を二分している。しかし、日本航空やANAの国内線、このボーイング機とエアバス機だけで運航しているかというとそんなこともない。実際にはローカル便にはボンバルディア機やエンブラエル機もあるし、別のメーカーのプロペラ機も飛んでいる。日本航空のローカル線も多くがボーイング機でもエアバス機でもないボンバルディア機やエンブラエル機で運航している。旅客機シェアはボーイングとエアバスで二分といわれるが、実態はそう単純ではない。この章ではボーイングとエアバスを取り巻く旅客機事情から考えてみたい。

ボーイングとエアバスが旅客機シェアを二分といっても、それは100席以上の旅客機の話である。現在も製造されているボーイング最小の機体は737－700で、標準座席数126席（2クラス）、エアバスで最小の機体はA318で、標準座席数107席（2クラス）となり、ボーイング、エアバスともに旅客機は小さくても100席以上の機体である。実際に1980年代までは、ジェット旅客機といえば100席以上が当たり前で、100席以下の機体を飛ばした

い場合はプロペラ機しか選択肢がなかった。

では、ジェット機が主流となった現代の旅客機において、プロペラ機が必要な理由はなんだろうか。これには以下のようなケースがある。離島などで、滑走路が短くジェット旅客機の離発着ができない空港を発着する便。運航距離が短く、ジェット便にしても時間短縮効果がないような区間。市街地の空港などを発着する便で、騒音を低く抑えるため……などである。

以上のような理由が、ジェット機全盛になった現在もプロペラ機が使われている理由であるが、1980年代までは以上の理由に加えて、1便当たり100席に満たないような区間でもプロペラ機を利用するしかなかった。100席以下の小型ジェット機がなかったからだ。

しかし、その時代も小型ジェット機がなかったわけではなく、「ビジネスジェット機」と呼ばれるものはあった。個人所有や会社所有の小型機で、プライベート・ジェット機とも呼ばれる。ただ、これらは航空会社が不特定多数の乗客を運ぶ機体ではない。

このような状況が変わってきたのが1990年代以降である。そうしたビジネスジェット機を開発していたカナダのカナディアというメーカーが、ビジネスジェット機「チャレンジャー」を基に、50席の民間航空会社用小型機を開発し、CRJ－100が1991年に初飛行を果たした。これがCRJ（Canadair Regional Jet）である。

カナディアのCRJ-100はルフトハンザ・シティラインがローカル国際線に初就航させた（ストックホルム）

このRJ機は、ルフトハンザドイツ航空のローカル便部門であったルフトハンザ・シティラインによって初就航し、その後は、アメリカの州内便などで多く使われるようになった。陸上交通が発達していないアメリカでは同じ州内のローカル便でも、国土が広いためプロペラ機で時間をかけて飛んでいた。そこにRJ機普及でスピードアップが図られた。アメリカ大手航空会社傘下の地域航空などでプロペラ機に代わってRJ機を大量に導入したのである。

CRJ機を開発したカナディアはカナダのボンバルディア傘下になり、さらにボンバルディアはボーイングの子会社になっていたデ・ハビランド・カナダも傘下に入れ、ボンバルディアの航空機部門はボンバルディア・エアロスペースになった。デ・ハビランド・カナダは日本でも運航しているDHC－8などのプロペラ機を開発していたメーカーで、プロペラ機開発では世界でトップメーカーである。ボンバルディアはカナダの総合工業メーカーで、ドイツの鉄道メーカーも傘下にしているので、世界最大の鉄道車両メーカーでもある。

日本でこのRJ機が初めて導入されたのは2000年になってからで、前年の1999年に設立されたフェアリンク（現在のIBEXエアラインズ）によって運航をはじめる。最初の路線は関西〜仙台間で、続いて仙台〜広島西、広島西〜鹿児島間に就航、いずれの路線もボーイングやエアバス機材では大き過ぎ、それまでは運航するとすればプロペラ機での運航となっていただろうが、少量輸送できるジェット機が開発されたことから、短い所要時間で結ぶことができた。これらの区間は距離が長いので、プロペラ機では時間を要してしまう。

こういった100席以下のジェット旅客機が普及していくことになるが、前述通り、それまではジェット機といえば100席以上が当たり前だったので、737やA320など、標準座席数が200席未満の機体を「小型機」と呼んでいた。しかし、さらに小さな100席以下の機体ができてしまい、「小型機」の概念が曖昧になっていった。そこで、100〜200席程度の737やA320は「小型機」、100席未満のCRJなどの小さなジェット機は「RJ機」「100席未満のRJ機」などと呼ぶのが一般的となった。

その後、CRJは基本形だったCRJ－100の胴体延長を重ね、70席のCRJ－700が1999年に、86席のCRJ－900が2001年に、100席のCRJ－1000が2009年に初飛行し、ラインナップを揃えていく。ボンバルディアはこのほかプロペラ機も多く手掛けているので、ボーイング、エアバスに次ぐ、世界第3位の航空機メーカーになる。

RJ機は次々に発展形が開発される
――卵形の胴体断面採用で快適性が向上――

カナディアCRJ－100に続き、ブラジルのエンブラエルも1995年に50席のERJ－145を初飛行させる。ERJはEmbraer Regional Jetの略で、やはり地域のジェット機である。エンブラエルは日本ではあまり知られていなかったが、古くから日本の国内線で使われており、広島西、松山、大分の3地点を結んだ西瀬戸エアリンクはEMB－110バンデランテというプロペラ機で運航していた。西瀬戸エアリンクは、後にジェイエアとなり日本航空のローカル便を運航している。

エンブラエルはボンバルディアとは逆に、基本形だったERJ－145の胴体を短くして、44席のERJ－140、27席のERJ－135と開発していき、とうとう30席以下の旅客機でもジェット機という時代を迎える。

RJ機が誕生したのは1990年代以降にもかかわらず、速いペースで世界に普及し、CRJ機、ERJ機ともに2000機以上を販売し、ボーイングVSエアバスのような感覚で、RJ機においては、カナダ製ボンバルディアとブラジル製エンブラエルは、世界のシェアを二分するライバル同士となる。ローカル便の機体ゆえに目立つ存在にはならないものの、747やA380などよりずっと多くの機体が売れている。ボーイングやエアバスの機体は航空会社にとって大きな買い物だが、RJ機は気軽ともいえた。

こうしたRJ機需要を追い風にして、エンブラエルは2002年、ERJ－170を初飛行させる。それまでのERJ－145などと異なるのは、ERJ－145の胴体はアブレスト2－2に対して、機体断面が真円で、オーバーヘッドビン（荷物棚）に使える空間が小さく、機内を歩くとき、天井が低く窮屈であったことである。

そこでERJ－170では胴体断面を真円から卵形にし、窮屈感をなくしたのである。また、それまでのRJ機はボンバルディア機もエンブラエル機もエンジンは後部に装着し、T字尾翼であったが、ERJ－170ではエンジンは主翼にぶら下がるものとなり、一見してボーイングやエアバス機とあまり変わらぬスタイルとなった。全体的には、それまでのRJ機が「小さな旅客

日本では日本航空系列のジェイエアがE170を初めて運航した（宮崎）

機」といったスタイルに対し、ＥＲＪ－１７０は「普通の旅客機」といったスタイルに変わった。
エンブラエルでは、基本となる78席のＥＲＪ－１７０に続き、86席のＥＲＪ－１７５、１０４席のＥＲＪ－１９０、１１０席のＥＲＪ－１９５と揃え、ラインナップを充実させた。後にＥＲＪという形式から単にＥを冠してＥ１７０などに変更し、このシリーズはＥ－Ｊｅｔシリーズと呼ばれるようになった。日本の国内線でも日本航空系列のジェイエアがＥ１７０とＥ１９０を、フジドリームエアラインズがＥ１７０とＥ１７５を運航している。
ボンバルディアも負けてはおらず、次世代のＲＪ機として、ＣＲＪ機の発展形のＣシリーズを開発し、最初の機体となる１１０席のＣＳ１００が２０１３年に初飛行、アブレストが２－３配置になり、１３０席仕様のＣＳ３００も開発中である。

Ｃシリーズでは新しい技術も盛り込まれた。エンジンはアメリカのプラット&ホイットニー製のギヤード・ターボファン・エンジンが採用されている。従来のターボファンエンジンとどこが異なるかというと、ターボファンエンジンでは空気を圧縮するためのエンジンが、同軸でファンを回しているが、空気を圧縮するために最適な回転数とファンを回すために最適な回転数は異なるので、同軸で回すのではなく、その間にギヤを入れ、それぞれにとって最適な回転数に整えるというものである。具体的にはファンは減速されて回っている。こうすることによって、空気の流れが最適な形となり、燃費が向上するという仕組みである。

ＲＪ機の台頭でボーイングとエアバスの寡占に変化
――ボーイングの最小機体はすでに生産を終了――

ＲＪ機が世界の航空各社に普及し、ローカル便のジェット化が進み、需要の少ない路線でも少量輸送のジェット便が実現した。日系航空会社においてもボンバルディア機やエンブラエル機で運航する国内ローカル便が多くなった。

かつて国内線に７４７ジャンボ機を運航していた日本でも、需要の大きい羽田発着便は現在でもほとんどがボーイングかエアバス機によっているが、伊丹、福岡発着の国内便では多くのＲＪ

機が使われている。名古屋の旧空港である小牧空港を発着する国内線はジェット便100%がRJ機である。那覇発着のみであるが、台湾からの国際線でもRJ機は運航している。

アメリカ国内線でも実は多く使われているのはRJ機である。アメリカ国内線といってもロサンゼルス〜ニューヨーク間、サンフランシスコ〜シカゴ間などの長距離国内線でRJ機が用いられることはない。しかしアメリカは広大で、カリフォルニア州やテキサス州はひとつの州でも日本より面積が広く、全米ではRJ機の需要は大きい。ジェットブルー航空のように、LCCでもRJ機を多用する航空会社もある。

ヨーロッパではEUの経済統合後、RJ機による国際線が増えた。EUに加盟し、シェンゲン協定を順守している国々では、国際線に乗っても入国審査がなく行き来は自由である。そのためローカル国際線が増加した。パリ〜ローマ間といった幹線はボーイング機やエアバス機が飛んでも、フランスの地方都市とイタリアの地方都市を結ぶ便などはRJ機が飛ぶ。以前の国際線は出入国手続きなどの問題で、大きな国際空港からしか飛ばなかったが、現在はローカル空港同士の国際線でも国内線感覚で運航することができ、そのような路線でRJ機が重宝されている。また、需要の少ない中欧、東欧を中心に、国際線エアラインでも、ボーイング機やエアバス機を保有せず、RJ機のみで運航する航空会社すら現れている。

ボーイングの最小機体であった737-600は、販売不振からすでに生産を終了している（フランクフルト）

こうして、ＲＪ機の活躍範囲が増えていくと、ＲＪ機の派生形も多くなり、エンブラエルのＥ－Ｊｅｔシリーズでは１１０席のＥ１９５、ボンバルディアのＣシリーズでは１３０席のＣＳ３００まで登場し、この章の冒頭に述べた「１００席以下のＲＪ機」でもなくなってきていて、ＲＪ機がボーイング機やエアバス機の領域にまで入り込んでいることも事実である。

ＲＪ機が台頭してきたため、ボーイングやエアバスの最小機体が売れていない。ボーイングの小型機である７３７の第三世代の機体には、基本型の７３７－７００があり、胴体を短くし、１１０席（２クラス）の７３７－６００も用意されていたが、この機体は新しい機体であるにもかかわらず２０１２年で生産を終了している。同じくエアバスＡ３２０の胴体をもっとも短くしたＡ３１８も売れ行き不振である。Ａ

320ファミリーの2016年時点での確定発注数をみると、124席のA319が1532機、150席のA320が8131機、185席のA321が3033機も売れているのに対し、107席のA318はたった80機しか売れていない。

ボーイング、エアバスともに最小機体が売れないのは、ボンバルディア、エンブラエルのRJ機の猛攻にさらされているのが原因である。どうしても、基本が大きな機体を小さくした派生形の機体と、基本が小さな機体を大きくした派生形の機体では、基本が小さな機体のほうが燃費などの運航経費は少なくすむ。自動車でいう「大きめの軽自動車」といったところである。

このように、気がついてみたら、世界でもっとも売れるジェット旅客機が、150席前後から100席前後へと移行している現実があり、RJ機が150席くらいまでの機体をカバーしようとしている現在、実質的にはボーイングとエアバスは150席以上の機体のみでライバル関係ともいえる。ボーイング、エアバスはお互いがライバルとして競い合ってきたのだが、もっとも売れる機体の領域で、実は、敵はボンバルディアやエンブラエルだったということになり、ボーイングとエアバスが寡占していた旅客機マーケットに構造的な変化が現れてきている。

ロシア、中国でもRJ機は自国で開発
――ローカル便機材くらいは自国で生産――

ＲＪ機はカナダ、ブラジル以外のメーカーも開発に乗り出している。

ロシアのスホーイはかつて戦闘機を開発していたが、東西冷戦終結後、旅客機の開発も行うようになり、イタリアでフランスとともにプロペラ機を開発したアレーニアの協力のもとにＳＳＪ－１００を開発、２００８年に初飛行を行った。ＳＳＪとはSukhoi Super Jetの略である。この機体はおもにロシアの航空会社に導入され、日本にもヤクーツク航空が成田に夏季のみ乗り入れている。アブレストは２－３配置で、座席数は２クラス86席であるが、エコノミークラスのみの座席配置にすれば、型式名の通り約１００席とすることができるＲＪ機である。

ロシアはソ連時代から高い航空機開発能力を持つ国で、東西冷戦時は独自に数々の航空機を開発してきた。エンジン性能などが伴わなかったのと、軍事優先だったため、ボーイングやエアバスのような高性能な旅客機は生産できなかったが、航空宇宙技術が優れていることは確かである。

そのため、東西冷戦終結後、たとえばツポレフは、ＲＪ機ではないが、Ｔｕ－２０４、Ｔｕ－２１４といった、エアバスのＡ３２０に似た機体も開発していて、ウラジオストク航空（現在はサハリン航空と統合してオーロラ航空）でも運航し、成田や新潟に乗り入れ実績がある。

ロシアのスホーイ製SSJ-100は日本への国際線でも運航している（新潟）

ロシアに数ある航空機メーカーが共同で開発中の機体もあり、イルクートMS－21は、ボーイングの737に似た機体で、2016年中の初飛行を予定、すでにロシアの航空会社を中心に200機近くの受注を得ている。

東西冷戦後のロシアでの旅客機開発には共通点がある。それは、ワイドボディ機などの開発にはそれなりの開発費が必要なので、ボーイングやエアバスの機体を購入するのが手っ取り早いが、200席以下の小型機や100席以下のRJ機は自国で開発したいという想いである。せっかく優れた開発技術があるのだから、普及品の旅客機くらいは、欧米製を買わなくても自国で生産できるというものだ。もちろん、ロシア以外の海外に売れればそれに越したことはないであろう。

ただし、これらロシア製旅客機の販売が好調というわけでもない。同クラスの新品機体と比べれば、ロシア製機材のほうが安価となるが、実際には機体をリースする方法や、中古機材が溢れているので、欧米製の旅客機との競争も激しい。

ロシアと似た状況なのが中国である。広い国土に人口も多く、需要はさらに増加すると予測され、必要とされる旅客機の数は多い。ボーイングやエアバスの機体を購入し続けるより、自国製機材を開発したいという想いになるのは当然だ。

中国商用飛機有限責任公司ＣＯＭＡＣはＲＪ機として90席のＡＲＪ21を開発、２００８年に初飛行を果たし、すでに中国の航空会社を中心に３００機以上の受注を得ている。形式にある21は21世紀という意味合いがあり、機体の定員などを表しているのではない。

さらに中国ではＣ９１９も２０１５年にロールアウトしており、２０１６年にも初飛行するのではと予想される。エアバスのＡ３２０に似た機体で、やはり中国の航空会社を中心に３００機以上の受注を得ている。形式の「９１９」はボーイングの７ではじまって７で終わる形式名を真似た感はあるが、今後さらに多くの旅客機開発を行うという意味にもとれる。

中国の場合、ロシアほどの航空機開発技術はないと思われるが、実際にプロペラ機を開発して長い間にわたって運航し続けているほか、アメリカのマクドネル・ダグラス機をライセンス生産し、近年ではエアバス機の工場が中国にあり、実際に中国で生産されていて、中国生産の機体がすでに飛んでおり、航空機開発のノウハウは高くなっている。

自国の国内線だけでも大きな需要があるので、どうしても海外で売れなければ事業として成立しないわけでもない。アメリカの航空会社にも買ってもらおう、という気にならなければ、アメリカ連邦航空局の型式証明などを取得しなくても構わないことになる。短距離便にしか使わないので、中国の航空会社の機材をアメリカへの国際線で使うということも想定せずにすむ。

ＭＲＪ開発で日本もＲＪ機市場に参入
――間もなく国産ジェット機が運航をはじめる――

ＲＪ機はボンバルディアとエンブラエルが世界のシェアを二分し、自国だけでも需要の大きなロシアや中国でも開発が進められているが、日本でも開発が進められている。それが昨今話題のＭＲＪである。三菱重工業の子会社である三菱航空機が開発することからMitsubishi Regional Jetと名付けられ、２０１５年に初飛行を果たしている。定員はモノクラスで88席、主翼にエンジンをぶら下げたスタイルで、エンブラエルのＥ１９０に似た外観を持ち、ライバル機になる。エンジンはアメリカのプラット&ホイットニー製で、ボンバルディアのＣシリーズなどと同様に、ギヤード・ターボファン・エンジンを採用している。国産初のジェット旅客機が誕生してい

YS-11以来の国産旅客機となるMRJ。写真提供＝三菱航空機

るのである。

ＭＲＪを最初に発注したのはＡＮＡで、後に日本航空も発注、ともに国内ローカル便に運航予定で、ＡＮＡ路線でいえば、現在７３７－５００やボンバルディアのプロペラ機で運航している路線にＭＲＪが導入されると思われ、２０１８年からの運航が計画されている。ＭＲＪはアメリカの大手航空会社の地域路線を運航する航空会社からも受注を得ていて、受注数は２００機を超えている。

受注数が２００を超えてはいるものの、受注が伸び悩んでいることも事実で、初飛行を果たした２０１５年には1機の受注もなかった。ロシアや中国が開発を進めているＲＪ機との大きな違いに、ロシアや中国は国内だけで多くの需要があり、仮に海外で売れなくても開発する意味があるのに対し、日本の場合、国内需要には限りがあるので、海外で売れないことには事業として成り立たないという違いがある。すると、今までの実績があるボンバルディアやエンブラエルと対抗しなければならず、技術力とともに営業力も問われる。

一般的には旅客機は同じ機種が３００機以上売れないと事業として黒字化はできないといわれるが、それはワイドボディ機などの大型機の話であり、需要の大きなＲＪ機の場合は、５００機、あるいはそれ以上売れないことには意味がないであろう。成功といった機種になるためにはＲＪ機の需要から考えて１０００機くらいは売れて欲しいものである。実機が飛べば受注が増えるといった側面があるので、今後に期待したい。

ＭＲＪが国産初のジェット旅客機であるが、プロペラ機も含めれば日本は過去に日本航空機製造のＹＳ－11という国産機がある。ＭＲＪを開発している三菱航空機はＹＳ－11開発にも関わっていた。

そもそも日本は高い航空機技術は持っており、第二次世界大戦中に飛んだ零戦こと零式艦上戦闘機を振り返っても明らかである。しかし、第二次世界大戦の敗戦によって、日本企業は長らく航空機の製造や運航がアメリカをはじめとする連合国によって禁止されていた。それが１９５７年に解除されることになり、国産旅客機開発となった。

ＹＳ－11を製造したメーカーは「日本航空機製造」という特殊法人で現在はない。実際は三菱重工業が胴体、川崎重工業が主翼、富士重工業が尾翼などと、全6社が分担して開発、その取りまとめ役が日本航空機製造だった。「ＹＳ」は「輸送機」と「設計」の頭文字である。初飛行は１９６２年、当時日本のローカル空港は滑走路が整備されておらず、１２００メートルの滑走路でも離着陸できる性能で開発された。定員は64席。ロールス・ロイス製エンジンのターボプロップ機であった。

１９６４年には全日空の機体がその年に行われたオリンピックの聖火を運び、話題づくりにも一役買い、翌１９６５年、日本国内航空（日本航空の前身の1社）によって路線就航する。ＹＳ－11は高度経済成長期とともに国内航空路の発達に寄与し、技術の発達に貢献したが、国内の航空会社に行き渡った時点で「輸出もしたい」ということになった。現代であれば、当初から世界を視野にしなければならないが、「輸出」という言葉が示す通り、ＹＳ－11は当初は世界を見据えたプランはなかった。ただし、性能的には輸出を考えていて、アメリカ連邦航空局の型式証明などは取得していたが、当時の日本には旅客機を海外に売り込むといった営業力はなく、輸出は商社に依頼した。

一時はアジアやアメリカで人気を博したＹＳ－11だが、海外での営業能力やメンテナンス体制が万全だったとはいえず、エンジンがロールス・ロイス製にもかかわらず、ヨーロッパでの導入はギリシャ1カ国であった。まとめ役の日本航空機製造が特殊法人だったがための放漫経営などもあり、製造は200機に届かなかった。国産機ということで国民に親しまれ、技術的には優れた機体であったが、事業面は未熟な部分が多く、成功とはいえなかったのかもしれない。

そして、YS－11終焉は機体性能とは別な理由で訪れた。運航する旅客機の数が多くなり、日本でも2007年から20席以上の商用機に対して空中衝突防止装置設置が義務付けられた。YS－11にこの装置を取り付けることも可能であったが、すでに老朽化で代替機が課題になっていた時期であり、新たな設置は不経済ということで、2006年、日本エアコミューターが運航する鹿児島県の離島便を最後に運航を終えた。

衝突防止装置とは、機体から常に自機の位置を知らせる電波を発信し、周囲に接近している機体があるとパイロットに知らせる仕組みである。

話を現在開発中のMRJに戻すと、MRJもYS－11も三菱重工業が開発に関わっているので、同じ血筋の旅客機といえるが、MRJでは三菱重工業の子会社である三菱航空機を立ち上げての開発となり、今回は開発している三菱航空機自らが世界への売り込みも行っている。YS－11のときは、特殊法人の日本航空機製造の下で三菱重工業などが機体開発を行っていたのと異なる部分で、計画時から世界で販売することを念頭に開発が進められている。

機体開発だけではない旅客機における日本の活躍
――機内オーディオやトイレは日本製が高いシェアを誇る――

このように、日本はジェット旅客機市場に参入し、今後、旅客機開発国として頭角を現していくのかもしれないが、すでに旅客機開発には日本はなくてはならない存在になっている。

近年機内エンターテイメントはエコノミークラスにおいても充実し、映画や音楽プログラムを何千といった単位で用意する航空会社もある。以前の機内映画は、乗り合わせた乗客全員が同じ映画を見るというのがスタンダードであったが、現在はオンデマンドが当たり前になった。そして、こういった機内エンターテイメント技術を確立したのは日本メーカーである。パナソニック・アビオニクスは機内エンターテイメント需要では世界トップのシェアを誇り、世界の航空会社で機内エンターテイメントが充実している航空会社が採用しているのは、ほとんどが日本製だ。さらに音楽や映画のシステムだけでなく、ゲームソフトも日本製が主流を占める。

オンデマンドの映画プログラムは航空旅行の快適性にも貢献している。長距離フライトにおいて、機内映画を一斉に上映していた時代、航空会社には悩みがあった。それは映画が終わったと

近年充実度が増す機内エンターテイメントシステム、実は日本製が世界一のシェアを誇る

きにトイレが混み合うことであった。映画が終わり、映画のスタッフロールが流れる頃、乗客は一斉にトイレに行く。映画のスタッフロールを最後まで見届けるとトイレの前には長蛇の列となった。機内映画がオンデマンドになってからはこれが解消されたのだ。さらにキャビン・クルーにとっては、機内食を提供する時間や機内免税品販売などの構成もしやすくなった。それまで3－4－2のアブレストなど、機内が左右非対称のレイアウトはトイレの混み具合が偏るとして採用しにくかったのだが、そういった問題も解消された。

そのトイレやギャレーといった内装品は日本のジャムコが高いシェアを誇り、ボーイング、エアバス問わず日本製品が使われている。とくにボーイング機のトイレはジャムコ製の比率が高い。ギャレーということはオープンなどが含まれていて、トイレであれば当然便器なども含まれており、それらも日本製で、機内のひとつのセクションとはいえ、日本の産業界との関わりの底辺は広範である。また、ジャムコは近年、旅客機の座席開発にも力を注ぐようになっている。

機体そのものには、YS－11開発を担当した三菱重工業、川崎重工業、富士重工業などが現代の機体製造にもかかわっているが、さらに新明和工業もフェアリング開発では世界でも有数の企業で、ボーイング機、エアバス機問わず多くの部品を提供している。フェアリングとは、具体的には主翼付け根や車輪を収納した蓋にあたる部分で、空気抵抗を極力抑えるスタイルと整形が必要で、複合材でできている。胴体や主翼が日本製でなくても、その結合部分は日本製である機体も多い。欧米製旅客機であっても、各部分には日本製は多く活躍している。

大接近する旅客機メーカーと中国
——エアバスは一部中国で生産されている——

近年の旅客機製造で無視できないのが中国である。すでにエアバスでは多くの中国製部品を使い、中国の天津にA320の最終組み立て工場があり、中国生産のA320ファミリーの機体が200機を超えている。エアバスの最終組み立て工場はフランスのツールーズ、ドイツのハンブ

中国では737やA320ファミリーなどの小型機需要が高く、一部現地で生産されている（瀋陽）

ルク、そして中国の天津にあるという状態で、エアバスと中国は大接近している。

日本はアメリカのボーイングとは共同開発といわれるほど親密であるが、中国には中国の強みがあり、それが中国での旅客機需要が非常に大きいということである。中国首脳がアメリカと首脳会談を行ってはアメリカから何百機単位の旅客機の購入を約束し、とき冷めやらぬうちにヨーロッパの首脳と会談を行ってはエアバスからやはり何百機という旅客機の購入を約束している。

ここで少し中国の航空会社事情も述べておこう。中国では1988年までは航空事業は国営の中国民航が一括して行っていた。それを地域ごとの運航にし、民間活力を取り入れて中国国際航空、中国東方航空など全部で9分割し、さらに2002年には再び3社に再統合され、現在の中国国際航空、中国東方航空、中国南方航空となった。中国の航空会社で純民間第1号となったのは上海航空で、現在は中国東方航空系列となった。大手３社に次ぐ規模となっている純民間航空会社で、つまり中国民航の血を引き継いでない航空会社で、もっとも大きな勢力は、日本にも何社か乗り入れている海南航空グループである。

そして、現在でも中国国際航空、中国東方航空、中国南方航空３社系列の新機材発注は、中国民用航空局という、中国の交通全体を統制する国家局が行っており、この組織が３社分をまとめてボーイングに１５０機などと発注し、３社に50機ずつなどと配分しているので、一度の発注規模が大きい。

中国での旅客機需要がこの先も大きいことは事実で、中国はそれを武器にボーイング、エアバス双方に大規模な発注を行い、それぞれからいい条件を引き出していることも事実である。そのいい条件のひとつが天津でのエアバスの最終組み立て工場設置で、ボーイングも７３７の最終組み立て工場を中国に建設する検討を行っている。

日本が技術力でボーイングやエアバスの旅客機開発に貢献をしていることは事実だが、中国は中国で、旺盛な需要を武器にし、したたかさでボーイングやエアバスに深く関わっている。

旅客機の売れ行きはエンジンメーカーによるところも大きい
——機体とは異なる勢力分布がある——

旅客機本体以外でもっとも旅客機開発に重要な部分を占めるのはエンジンの開発で、機体性能はエンジンによって左右される。そして、機体メーカーであるボーイングやエアバスはエンジン開発を行っていない。

旅客機のエンジンメーカー大手は世界に3社あり、トップがアメリカのゼネラル・エレクトリック（正確にはGE・アビエーション）、次いでイギリスのロールス・ロイス、そしてアメリカのプラット&ホイットニーで、世界のおもだった旅客機はこの3社のいずれかのエンジン、またはこの3社が関わった共同開発のエンジンだと思って間違いない。

日本の国産旅客機が開発されているが、エンジンだけは国産とはいかず、MRJではプラット&ホイットニー製、YS－11でもロールス・ロイス製が使われた。

ボーイングやエアバス機もこれら3社のエンジンが使われていて、一般的には同じ機種を多く売るためには、複数のエンジンが使えるということが大きな条件である。ジャンボ機こと747が登場したとき、最初のバージョンである－100ではプラット&ホイットニー製のものと決められていたが、－200では3社のものから選べるようになり、販売国を大幅に増やしている。

同じ787でもANAはロールス·ロイス製、日本航空はゼネラル·エレクトリック製エンジンを装備

やはりイギリスほか、オーストラリアやニュージーランドなどイギリス系の国の航空会社はロールス・ロイス製を選択するからだ。767でも3社のエンジンから選択できるほか、777でも初期のタイプは3社から選択可能であった。ただし、777に関しては長距離用を中心に、推力の高いエンジンを装着していて、こういった機体はゼネラル・エレクトリック製となっている。

全体的にはボーイング機はアメリカ製エンジンを装着することを前提にした機体が多いが、販路を多くする意味からロールス・ロイスのエンジンも選択肢に加えているというところも感じる。

それならと、エンジンを最初から共同開発にしているのが737の現在でも製造している機体のエンジンである。CFMインターナショナル製で、アメリカのゼネラル・エレクトリックとフランスのスネクマというエンジンメーカーが共同開発している。いっぽうのエアバスでもA319、A320、A321にCFMインターナショナル製かインターナショナル・エアロ・エンジンズ製のエンジンの選択となっている。インターナショナル・エアロ・エンジンズとは、アメリカ、イギリス、ドイツ、イタリア、日本が共同で開発を行ったエンジンのブランドで、アメリカとはプラット&ホイットニー、イギリスとはロールス・ロイス、日本は三菱重工業、川崎重工業、IHIの連合によるものである。

このように、エンジンにどこ製が装着できるかがその機体の売れ行きに影響するので、数の多く売れる小型機では、最初から有力エンジンメーカーが共同で開発することが多くなった。

巨人機A380のエンジンは、ロールス・ロイス製かエンジン・アライアンス製のエンジンの選択となっている。エンジン・アライアンスとはアメリカのゼネラル・エレクトリックとプラット&ホイットニー合弁のメーカーである。A380ほどの大型機になると、そうは数が売れるものではないので、アメリカの2社がそれぞれ奪い合うよりも、協力してひとつのエンジンを開発してロールス・ロイスに対抗したほうが得策と考えたのであろう。

旅客機にはボーイング対エアバスという構図があるが、エンジンメーカーには世界の有力3社があって、エンジンは機体性能に関わる大きな部分となるので、どの機体にどのメーカーのエンジンが装着できるのかは、旅客機市場に少なからず影響を与える。本章では、ボーイング対エアバスの構図に、ボンバルディア対エンブラエルのRJ機市場が重なり合ってきたと述べたが、エンジンメーカーに関しては、RJ機であってもアメリカの2社とイギリス1社のエンジンが使われていて、エンジンメーカーは大型機であってもRJ機であっても同じメーカーが関わっているという構図になる。

石油高騰でボーイング、エアバスともに燃費向上が至上命題
——ウイングレット、シャークレットなどで燃料節約——

2015年から石油価格が落ち着いてきたものの、21世紀に入ってからは、航空会社、航空旅客ともに石油価格高騰に悩まされた。日本では2005年から航空運賃に燃油サーチャージがプラスされるようになり、石油価格は2008年には1バレル150ドル近くにまで値上げされた。

このような状況があったので、ボーイングの787などの低燃費の旅客機が世界でもてはやされたが、燃料節約のためにはさまざまな知恵が絞られた。そのひとつが主翼の先端にある「ウイングレット」と呼ばれるものだ。紙飛行機をつくったときに翼の先端を少し折れ曲がった形にすることが多かったが、原理はそれと同じで、機体を安定させることで、ひいては燃料の節約にも

なるというものである。主翼先端には翼端渦と呼ばれる、字の通り空気の流れの渦ができるが、それを軽減して安定した姿勢を維持することで、燃料節約につながる。

ボーイングやエアバスの旅客機で最初に装備したのはエアバスのほうで、A300－600などにウイングチップが装備されたが、外観上目立つものではなかった。明らかに主翼の先端が変わった形になったのはボーイングの747－400が最初で、主翼の先が上方に折れ曲がった形となり、747はそれまでの－100、－200、－300と－400ではウイングレットがあるかないかが見分けの大きなポイントであった。ただし、日本国内でのみ運航された－400Dには装備されなかった。ウイングレットはある程度長距離を飛ぶ機体でないと燃料節約の効果がないのだそうだ。

エアバスでもA330、A340にはウイングレットが装備されるようになり、こちらもこの機種の特徴となった。しかし、この頃まではウイングレットのある機体とない機体というのははっきりしていたのだが、2000年以降になると、既存の、ウイングレットのなかった機体に後付けで取り付けられることが多くなった。機体によって、ある年代以降に製造されたものからウイングレットが付いているものもあれば、オプションで取り付けられるものもあり、あるいは既存の機体に後付けで取り付けられるものまでさまざまとなり、ウイングレットのあるなしで機

ANAでも国際線を運航する767にはウイングレットが取り付けられた

種を判断するのは難しくなった。石油価格高騰で、燃料節約のためにできることは何でもやるという気運になってきたのである。

その結果、ボーイングでいえば、７２７、７３７、７５７、７６７にもウイングレットを装備した機体が現れ、近年に製造された７３７はほとんどの機体に装備されるようになった。日本航空やＡＮＡでも、国際線に運航する７６７にはウイングレットが取り付けられている。ここでも国際線に限っているのは、国内線程度の距離ではウイングレットの効果があまり期待できないそうだ。

名称が多くなってきたのが最近の傾向で、エアバスＡ３２０でもウイングレット付きが多くなってきて、エアバスではウイングレットではなくシャークレットと呼んでいるが、役割などは同じである。ウイングレットは主翼先端が上方に折れ曲がっていたが、737では下方にも折れ曲がっているシミタール・ウイングレットを装備する機体も現れ、737MAXでは標準装備となった。

さらに、近年開発された機体のウイングレットは形状が変わってきている。ボーイングの777－200LRや777－300ERでは、レイクドウイングレットといって、主翼先端全体が後方に角度がついていて、従来のウイングレットのように先端が折れ曲がった形状はしておらず、どの部分からがウイングレットといったものではなくなっている。さらに787や、その787開発の技術を応用した747－8では、主翼の材質が複合材になったことから、主翼先端全体が上方に反り上がったような形が可能となった。

主翼形状は日進月歩で、燃費向上のために採用されたウイングレットは徐々にその形状を変えている。機体が飛んでいるところを前方から眺めると、以前の機体は主翼がピンとしているのに対し、近年の機体は主翼全体が鳥の羽のように上を向いている。

いっぽうで、主翼そのものの面積も大きくなっていて、長さも長くなっている。やはりそのほうが揚力や空気力学的に有利となるのだが、あまりに主翼が長いと空港施設の寸法が合わなくなってくる可能性がある。ボーイングの777では、主翼を長くした場合は主翼先端が折れ曲がることで、全幅を抑えるという発案もされているが、可動翼になると機構が複雑になり重量が増加するということもあり、実現はしていない。大型機の主翼形状は、すべてを満たすことができないというジレンマも抱えている。

ボーイング、エアバスの次世代の機体は
――さらに低燃費の派生形を開発中――

ボーイングとエアバスは切磋琢磨し、片方が新機種を開発しては他方が対抗機を開発するといったことが繰り返され、お互いが刺激し合って高性能の旅客機が開発されてきたが、現在も生産されている機種のラインナップはどうなったであろうか。

ボーイングは７３７（小型機）、７４７（大型機）、７６７（中型機）、７７７（大型機）、７８７（中型機）が現在も生産中である。機体の大きさから大、中、小と分けるならば、大きいほうから７７７、７８７、７３７が今後も主力として生産されるであろう。７４７は７７７よりさらに大きなサイズであるが、やはり４発機というところから経済性に劣り、７４７－８という最新バージョンを用意しているものの売れ行きが芳しくないことは事実である。旅客型に関しては３社しか導入しておらず、早晩生産中止になるのではないかと予想されている。

空の大量輸送時代を築いた「ジャンボ機」がなくなってしまうのは寂しい気もするし、ボーイ

ングとて生産をやめたいわけではないだろう。しかし、旅客機は受注生産なので、発注する航空会社がないことには生産中止もやむを得ない。747－8でも貨物型のほうがまだ需要がありそうではあるが、こちらも、777－200Fなどの双発貨物機の性能向上で、747の生産は貨物型も含めて完全に終了する日は近いかもしれない。

767は後継機の787が登場しているので、本来であれば生産中止になってもよさそうであるが、後継機の登場ですぐに従来機を生産中止とするわけにはいかない事情もある。767には貨物専用機バージョンがあるが、787には貨物専用機バージョンがまだ登場していない。アメリカの大手貨物航空会社フェデックス・エクスプレスなどは現在でも767の貨物型を発注し続けていて、ボーイングとしても767の生産を終えることはできない。しかし、787の貨物型でも開発されれば、いずれは767の生産も終えることになるのかもしれない。

エアバスのラインナップはどうであろうか。A320ファミリー（小型機）、A330（中型）、A350XWB（中～大型機）、A380（大型機）が現在も生産中である。大きいほうからA380、A350XWB、A330、A321、A320、A319、A318が生産されている。このなかでA318、A319、A320、A321は総称してA320ファミリーであることは再三述べていて、ほぼ同じ機種であるが、最小機体であるA318はRJ機と大きさが重なっていて、売れ行き不振であることも事実であり、今後、生産中止となる可能性もある。

もっとも大きなA380も売れ行き不振であることは事実である。近年になって新たにA380を発注した航空会社はANAくらいで、しかもその機数は3機にとどまっている。A380は生産終了も囁かれているが、エンジンをさらに経済性の高いものに載せ替えるという検討もされている。

A380もボーイングの747‐8同様の悩みを抱えていそうで、エアバスも最大機体であるA380の生産は継続したいであろうが、747‐8同様、発注する航空会社がないというのが最大の悩みである。旅客機自体の需要はあるものの、大きな集客力を持ち、4発の巨人機を運航してビジネスを成り立たせるだけの力を持った航空会社が、世界にそうはないということを物語っている。

では、ボーイング、エアバスに新機材開発はあるだろうか。現段階ではともに従来機材の刷新に力を入れている。ボーイングでは737MAXが2016年1月に初飛行し、2017年の就航を予定している。この機体は787の技術をもって既存の737を刷新したといったような機体で、さらなる軽量化とエンジン性能向上によって低燃費化が図られている。737MAX7、737MAX8、737MAX9と、胴体が延長されて3種のバリエーションがあるが、737

－600に相当する胴体の短いバージョンは用意されておらず、100～130席程度の旅客機はRJ機が台頭してきたため、737の派生形としては開発されないことになった。いわばRJ機と重なる部分は敢えて対抗しないということで、時代の流れを感じる。737MAXのエンジンはCFMインターナショナル製である。

777Xも、やはり787の技術で従来の777を刷新する機体である。現段階では初飛行も行っていないが、2020年の就航を目指している。現在の777と大きく変わる部分は、主翼が炭素繊維複合材製となり、軽量化され、主翼先端部分全体が後方に反り上がった形になる。エンジンはゼネラル・エレクトリック製となる。

777－8Xと777－9Xが用意され、777－8Xは長距離型、777－9Xは胴体延長型で標準座席配置は3クラスにしても400席以上となる。双発にもかかわらず、ジャンボ機とほぼ同じ収容能力を持つ。全長は76・5メートルと、世界最長の機体となる予定だ。すでにエミレーツ航空、カタール航空などから受注を得ているほか、日本ではANAが、その世界最長となる777－9Xを導入予定である。

いっぽう、エアバスもA320ファミリーの最新バージョンとして、エンジンを最新の燃費のいいエンジンに載せ替えたA320neoが2014年に初飛行し、ルフトハンザドイツ航空が就航させている。ｎｅｏとはNew Engine Optionの略で、ＣＦＭインターナショナルとプラット&ホイットニーの2つのエンジンから選択することができる。そしてプラット&ホイットニーのエンジンには日本企業も開発に加わっている。

Ａ３３０ｎｅｏも開発中で、主翼がＡ３５０ＸＷＢ同様の設計のものに変更され、やはり燃費のいいエンジンに載せ替えることによって経済性を高くしている。エンジンはロールス・ロイス製。胴体が短く航続距離の長い－８００ｎｅｏと胴体が長く航続距離の短い－９００ｎｅｏの2タイプが用意され、エアバスでは当初計画にあったＡ３５０ＸＷＢのなかでもっとも胴体の短いＡ３５０ＸＷＢ－８００はＡ３３０－９００ｎｅｏと用途が重なることから、Ａ３５０ＸＷＢ－８００の開発を中止している。この結果、Ａ３５０ＸＷＢは、開発当初、中型で短距離から長距離までをカバーするボーイング７８７の対抗機として誕生したものの、大型で長距離用という位置付けの機体になる傾向が強くなった。

ボーイングの７８７も、多くの機体が世界に行き渡った現在、受注は胴体延長型の７８７－９が中心になっており、その結果ボーイング、エアバス双方にいえるのは、航空各社は定員数の多い機体を欲している傾向にはあるものの、「双発なら」という条件付きだということが分かる。定員数の大きな機体に人気があるものの、かといって4発機は敬遠されていて、いかに旅客機における経済性が重視されているかが分かる。

近年の新機材開発において、見逃せない存在になっていることに、ＬＣＣの存在もある。以前の旅客機開発には、アメリカの大手航空会社の意向が欠かせないものであった。アメリカン航空、デルタ航空、ユナイテッド航空などが小型機を揃えるとなると、１社で何百機という単位が必要になり、これらの航空会社が採用するかどうかで機体の売れ行きが大きく違ってしまう。

ところが、近年はＬＣＣの機体購買力が高まっている。ＬＣＣは比較的短い距離を小型の機体で運航頻度を高くし、機種を多くせず、同じ機体を多く運航するのがビジネスモデルである。具体的にはボーイングでは７３７、エアバスではＡ３２０ファミリーの機体で、全席エコノミークラスとし、座席間隔を詰めて７３７－８００、またはＡ３２０を１８０席ほどにして運航する（大手航空会社の場合２クラスで１５０席程度）。

そして、ＬＣＣは世界で需要を伸ばしているため発注する機数が多くなっている。７３７ＭＡＸでは、アメリカのサウスウエスト航空、アイルランドのライアンエアー、ノルウェー・エアシャトル、インドネシアのライオン・エアがいずれも１００機以上の発注を行っているが、これらはすべてＬＣＣであり、その数は大手航空会社の数を上回っている。

同様にＡ３２０ｎｅｏも、イギリスのイージージェット、ノルウェー・エアシャトル、ハンガリーのウイズエアー、トルコのペガサス航空、インドのインディゴ、マレーシアのエアアジア、インドネシアのライオン・エアとＬＣＣ各社が１００機以上を発注している。これらＬＣＣには特徴もあり、国土の広い国の航空会社か、複数の国にまたがって拠点を持つ航空会社かであることだ。ヨーロッパ域内は経済統合されているので、各国の航空会社だからといってその国を発着する便しか飛ばないわけではない。また、エアアジアやライオン・エアはアジア各国でその国の企業と共同出資で事業を展開している。エアアジアの発注分には、２０１７年にも再度日本での事業を再開するエアアジア・ジャパンで運航される機体の数も含まれているわけだ。

このように考えると、日系航空会社は、どれだけ機体を多く購入しても、それは日本国内、または日本発着国際線でのみ運航する数となり、国土が狭いので、購入できる数には限りがある。

また、鉄道が発達しているはずのヨーロッパにおいても、ＬＣＣがこれだけ多くの機体を欲していることも注目される。旅客機はボーイングとエアバスが開発競争をする過程で、常に重視されてきたのが低燃費のエンジン開発、機体の軽量化などで、いかに運航経費を抑えて経済性を追求するかである。こうした努力によってＬＣＣも運賃を安くすることができた。

それに対し、鉄道の世界では、経済性は旅客機ほど追求されている気配がなく、航空のような低運賃化もほとんど見られない。日本などはその最たる国で、鉄道車両そのものは省エネルギー化などによって経済性が高くなっているはずだが、いまだに航空より高くつく新幹線を建設し続けている。世界各国でＬＣＣが台頭するなか、鉄道が衰退するのには、こういった背景もありそうだ。

それでは、最後に、ボーイング７９７、エアバスＡ３６０といった機体は登場するだろうか。すると、すぐにはありそうもないが、いくつか可能性がある。

ひとつ目は、ボンバルディアやエンブラエルが独占するＲＪ機市場に参入するということだ。ボーイングやエアバスが参入するというよりは、ボンバルディアやエンブラエルがさらに機体を大きくし、２００席に届くような機体を開発しようとしたなら、ボーイングやエアバスは対抗機を開発せざるを得なくなるだろう。世界でもっとも売れるはずの小型機市場を、ＲＪ機開発メーカーに持って行かれるわけにはいかない。話が飛躍するかもしれないが、もしそのようなことがあったなら、ボーイングとエアバスが手を組んで対抗機を開発するかもしれない。ボーイング、エアバスからするとＲＪ機メーカーは共通の敵になるからである。

次に、現在はボーイング、エアバスともに、小型、中型、大型と機材が出揃っていて、それぞれに経済性の高い新バージョンが開発されているので、空白になっている機体がない。そのため、可能性は低いが、エアバスのＡ３８０開発時のように、どちらかが何かを仕掛けてくれば、相手は対抗機を開発する必要に迫られ、次のステージの開発競争になる可能性はないとはいえないだろう。

そこで、期待を込めての話になるが、速度の速い機体が欲しいような気がする。イギリスとフランスが共同開発した超音速旅客機コンコルドが失敗して以来、どこの旅客機メーカーも速度の速い機体開発に躊躇している気がする。

しかし、ジェット旅客機がこれだけ大型化、低燃費化、低騒音化し、航続距離も伸びたにもかかわらず、速度だけは初代コメットとあまり変わっていないのである。「やや速い」では意味がないが、仮に東京からロンドンやニューヨークが現在の半分の６時間になったら、世界は大きく変わるような気がする。

あとがき

旅客機の開発過程を、黎明期から今日までを駆け足ではあるが巡ってみた。普段、何げなく利用している旅客機、多くの人はそれがボーイング製かエアバス製かなど気にしていないだろうし、ましてエンジンメーカーなど気にする人はいないであろう。

しかし、人間が空を飛ぶようになって、まだ100年ちょっとしか経っていないのに、空の旅はずいぶん進化したものである。100年前といえばひいおじいちゃんくらいの世代になるだろう。つまり、ひいおじいちゃんの世代には空を飛ぶ乗り物など考えもしなかったはずなのに、現在は世界中で定期航空便がひっきりなしに飛んでいるのである。それに、100年といっても、ジェット旅客機が普及したのは第二次世界大戦後であり、日本人の一般庶民が空を飛ぶようになったのは、ほんの50年前くらいと考えると、その間の発達は目覚ましいものがある。

そして、旅客機の発達過程には興味深いことが多い。たとえば、鉄道の発達は蒸気機関の発明にはじまり、電気モーターが発明されたり、内燃機関が発明されたりし、その後は半導体技術の発達などによって鉄道車両は進化と、いわば順当な発達を遂げている。

その点、航空機の発達は戦争の道具の平和利用からはじまり、燃料である石油価格によって開発される機体の性能が変化し、燃費、騒音、先進各国の思惑が交錯して現在に至っているという部分が興味深い。一度、イギリスとフランスが超音速旅客機を開発するも、世界に普及することなく、その後は同類の機体開発が封印されているという、いわば発達過程での曲がり角があったことも興味を引くのである。欧米のライバル関係が生んだ新技術も数知れず、おそらく、こういった開発競争がなければ、人間は現在でも30年くらい前の旅客機を現在でも使っていたのではないかと想像してしまう。

その開発競争に欠かせなくなったのが、日本技術であった。機体の骨格部分が日本で製造されたり、初の国産ジェット旅客機が初飛行したりと、旅客機業界での日本の存在も大きなものになりつつあるし、機内の細かい部分では日本のさまざまなメーカーが隠れた立役者になっている。

本書を通じて、旅客機の世界を楽しんでいただければ幸いである。

谷川一巳（たにがわひとみ）
昭和33年（1958）、横浜市生まれ。日本大学卒業。旅行会社勤務を経てフリーライターに。雑誌、書籍などで世界の公共交通機関や旅行に関する執筆を行う。100社以上の航空会社を利用し、260以上の空港を利用した。おもな著書に『空港まで1時間は遠すぎる!?』『こんなに違う通勤電車』（交通新聞社）、『ニッポン鉄道の旅68選』『鉄道で楽しむアジアの旅』（平凡社）、『世界の駅に行ってみる』（大和書房）。

交通新聞社新書103
ボーイングVSエアバス 熾烈な開発競争
100年で旅客機はなぜこんなに進化したのか
（定価はカバーに表示してあります）

2016年12月15日　第1刷発行

著　者——谷川一巳
発行人——江頭　誠
発行所——株式会社　交通新聞社
http://www.kotsu.co.jp/
〒101-0062　東京都千代田区神田駿河台2-3-11
NBF御茶ノ水ビル
電話　東京（03）6831-6560（編集部）
東京（03）6831-6622（販売部）

印刷・製本—大日本印刷株式会社

ISBN978-4-330-74116-1